# 怡栗集

## 1 认知与超越

丹蕨 著

中国出版集团 东方出版中心

**图书在版编目（CIP）数据**

认知与超越 / 丹蕨著. -- 上海：东方出版中心，
2025. 1. -- (恂栗集). -- ISBN 978-7-5473-2658-9

I. B821-49

中国国家版本馆CIP数据核字第2024QA3846号

**认知与超越**

著　　者　丹　蕨

策划编辑　张　宇

责任编辑　荣玉洁

封面设计　钟　颖

出 版 人　陈义望

出版发行　东方出版中心

地　　址　上海市仙霞路345号

邮政编码　200336

电　　话　021-62417400

印 刷 者　上海盛通时代印刷有限公司

开　　本　890mm×1240mm 1/32

印　　张　11

字　　数　230千字

版　　次　2025年1月第1版

印　　次　2025年1月第1次印刷

定　　价　90.00元

# 独　白
## ——序非序

　　《恂栗集》即将付梓，这才想起要给它写个"序"，给读者一个交代。我为这部零星的感悟集起名"恂栗"，这个词是从《大学》里借来的，之所以起这个名字，是想以此表达这里的每一条感悟并不像目录条目那样看似平庸、随意！

　　这里汇集的是我多年的零星感悟，时间跨度较大，如何为它写一篇恰当的序？我实在找不到合适的方法，于是就以独白的方式絮叨一下其中思维模式的"成分"、特点以及它们跟我人生经历的关系。

## 一

　　岁月匆匆，一晃就老了。我做过企业的当家人，也当过二十多年商学院的客座教授，而在更长的时间里我是一名咨询顾问，并且我曾同时从事这三种职业。也许这三种职业我做得都不够出色，但它们仨的组合确实为我提供了得天独厚的机会，这让我有机会以完全不同的、整合的角度看待经营和管理以及人生。尤其当我任教的学校是卓越的大学，我担任顾问的机构是全球顶级的机构时，我能够从一流的同事身上学到更多——无论是理论上的，还是实操上的，抑或是站在旁观者的角度观察和分析的能力！

大家应该可以从我的文字中感受到这种独特的视角。

## 二

在大学里教书，我是极为严肃、极为认真的。二十几年里，我每一次走进教室都秉持着初入此门时的态度！在管理学科的教学中，我一直保持着做自然科学和工程技术研究所需的严密和谨慎。

在咨询工作中，我更是战战兢兢、如履薄冰！毕竟无形的知识是客户花了大钱订购的！提供咨询时，我不仅坚持极致的专业精神，而且深入现场体会最真实的业务场景，我还努力深入老板和企业团队成员的内心。大家可以从我的文字里感受到那份切境的深刻和真诚。

## 三

我的职业追求与我的人生追求高度一致，我在职业生涯中一直坚持着对自然、天道和人性本质的探索！我觉察到人类以"知"入世，其实有四个不同的系统，并且当它们融在一起的时候才能表现为杰出的智慧：科学与工程技术、哲学、艺术、宗教。这不是四个完全不相关的学科，它们只是分担着满足人类处世的不同需求的任务。科学的严谨需要哲学的普遍性来加以扩展，理性需要纯真感性的补充才有灵性，然而人终究还要面对意识的局限。大家如果足够仔细，就会发觉眼前这部书里的思维模式真的有些不同——它是由四个 CPU（中央处理器）联合运作输出的思维。

# 四

人的意识的局限也是结构性的，个体性与人的社会属性之间存在着无法剔除的紧张，人类的社会文明使我们与自然隔离开来，人类的"自我"意识强硬地把我们固化在主客二元对立的世界里！对这三个具有根本性的问题的深思，让我明白了儒、道、释从源头上就不是分立的三派学说！它们的组合承担着满足人类解脱需求的任务。这三家组合在一起，才是真正智慧的境界！大家在我的文字里可以看到我对不同意识形态的灵活接纳。

说到这里，我想跟读者说一句掏心的话：这本书值得你认真品味。

# 五

在我给企业家开设大匠塾的那段时间里，我传授的是修成出色企业领航人物所需要的六项功夫。这些内容我会在将来的著作中详细分享。但有一点必须提一提，即我并不把关于领导力的理论知识当成重点，我在大学课堂和大匠塾中关注的是领导者的智慧结构以及领导人格的养成之路。

# 六

这部集子只是节选。我全部的文字都来自对生活、工作中的困惑进行苦思冥想之后的灵光乍现！我对这种突如其来的感悟情有独钟，每次灵感如光一样划过思想的天空，我都必须把它记录下来，不舍得让它熄灭。我坚持记录这种感悟已经四十多年，当初有人笑我净干这些不能盈利的活计，而四十几年之后他们都从我人格的变化当中见证了什么叫百炼成真。

# 七

通过教授、企业家、管理专家这三种角色的重叠，以及我对科学、哲学、艺术以及宗教思维的整合，加之我对儒释道"融合为一味"的努力，我发展出了被我称为"翰澜五功"的心智模式。如果读者觉得文章当中有切境当机的锐利，有思维主体的立场转换，有跨越主观立场沟通的善巧，有把过程当因的洒脱，那就捕捉到了其中的奥秘。

写到这里，我已经注意到这显然不是标准的序言，并且也肯定晦涩难懂，但这恰恰是我要提示读者的：文中内容的意蕴远比表面看起来的要深刻很多。

这些年常常听有人提起东方思维的高明，我虽然不敢自以为高明，但我还是希望读者对这本书中文字的深蕴保持开放的心态。

从中学时代，我就开始记录灵光乍现的感悟，至今已经四十几年，积累了近千万字的笔记。本书只是很小一部分。

# 八

熟悉我的人都知道我的书房其实就是一间图书馆。本来并不怎么热衷于读书的我由于总是思考最根本的问题并致力于寻求最根本的答案，几十年来在不经意间涉猎了几乎每一个领域的经典著作。虽然我所了解的不免肤浅，然而也算涉猎广泛。这靠的是一直不衰的好奇心和探索的热情。在我的知识世界里，所有的知识都是联系在一起的。我常跟学生们说：我其实什么也记不住，然而我只是不忘。所谓不忘就是把道理、精髓彻底消化与吸收。

我个人也从未以"自己是个什么"来定位自己。如果非要自我推介，我常说的就是：我是天下第一百姓，我是贩炊烟者。我把让家里过上好日子当成个人修养成功的第一证据。

# 九

他们都说，丹蕨先生是个心肠又热又软还能疼人的人。每年我和我家艾老师都接待数以千（百）计的寻求帮助的访客，并且艾老师还怀着一个慈善理想。艾老师每年通过发起捐助帮助很多急需救助的人！

每年的"百日流浪"（这是我的一个传奇习惯，这里不做介绍）的旅途也是她行善的时机。艾老师有一个令人肃然起敬的信条：决不允许自己的视线范围内出现绝望的人！

不多说了，再说就有自吹的嫌疑了！说了这么多自己的好话，还真有一个目的：推荐您仔细阅读本书！这将带给我鼓励和安慰！

我曾经不止一次说过，我的书不会有人喜欢读，但每次我的妻子艾老师都立即打断我说："先生的文字，哪怕再过几百年也不会被人忘记。"

这次书出版了，看看是我说得对，还是她说得对。

# 目　录

第一章

认识自我

# 我就是我？

## 一

时不时就听到有人说"我就是我"。"我"真的是"我"么？

这两个"我"的所指并不相同。正在任性说话的"我"企图并已经霸占、僭越了你的"真我"。

## 二

如果不能觉察到、意识到这个任性之"我"是在被什么程序驱动，就无法领悟"我"其实并不自由！

如果你能觉悟到控制"我"的程序的来龙去脉，再领悟"我"的起心动念，就会明白人人的"我"各有其源！

于是就能明白沟通困境的存在并非是由于沟通艺术不够，就能明白我们所看到的世界竟也与"我"的认知模式有关。

## 三

我们当下感受到的情感竟然也是"我"发起的。

由利益、情感联系起来的社会中的人们，未必同处一个世界！

我们一切主动、能动的言、行、思均来自"我"，而这个"我"

受制于我们修炼正在企图觉察的因素。

# 四

如果把按天地大道演化运行的万物轨迹称为"行"（也可以叫大势），"我"的一切就属于"知"的境界。倘能修出无染"净我"，那么主观的行动就能不逾矩（"知"合于大势），也就是在最高层次上实现了"知行合一"。孔子说的"不逾矩"就是知行合一！

"道不属知，不属不知"，"知"在"我"界，"道"便是自然的轨迹。

# 五

儒家讲的时时履义就是不逾矩，就是"我"中无我，根源就是达"仁"。"仁"在佛家看来就是转染成净、转识成智了。尽仁尽义的"我"在儒家看来就是做到了知行合一，在道家就叫真人，在佛家就是无我、成佛。

# 六

"我"看到的并不一定是真实的，"我的感受"来自"我"与"我看到"的关系，"我"的行为、动机也是"自我"企图让"我感受到的"与"我认知到的"处境变得更好。

然而，常常事与愿违："我"对着"我所看到的非真实的世界"采取的行动，发生在"我"与真实世界的界面上。由此发生的知与行的矛盾，需要一系列不断增补的借口、对事实的扭曲来将其合理化，并且在这个过程中还有更多利益相关者卷进来。

# 什么是君子不器？

我们什么都可以是，我们什么都不是，我们是所当是。

什么是君子不器？

## 一

君子不器，即一方面要有"吾心即宇宙，宇宙即吾心"的大气概，一方面又坚守着儒家的伦常要求。

空有气概不可，大气概是要在每时每日的"是所当是"中修出来的。所以，"君子不器"总是和"素位而行"连着说的。

你看，"人可与天地齐"，这是多么鼓舞人心的迷人说法，而我们总是眼高手低。

所有的道理，还是要"得之于手而应于心"！

## 二

社会不仅按尊卑将人划分成不同阶层，还划分了职业：教师、医生、商人、工匠、诗人、武士……于是我们对自己所从事职业的身份认同感就进入了我们的自我意识。人格是由自己所从事的行业、职业塑造的，很多人把它当成藩篱，不敢逾越。

其实人是具有多方面能力的，每个人都像一个小宇宙，人应该与天、地齐，而非将自己限制在一个小框框里，应追求"君子不器"。

<h1 style="text-align:center">三</h1>

当我们可以用画笔表现和创作时，那一刻我们就是画家，也许我们无须以此为业，然而这不妨碍我们可以发挥先天的禀赋，用这种艺术形式进行创作。

同样，我们可以凭着良知、凭着"以身作则"、凭着真诚反馈成为老师，而无须以此为业。"师"是某一个接触时刻、过程的本质，而非固定的身份标签。一生当中我们总是在"师"与"生"的角色中不停地转换着。

医生也是，抛开职业来讲，医术就是"消疾"的良能，除疾者就是良医。因此我们一生中不停地在扮演自家的良医，也在成全着身边之人的健康。

当然，由此可见，我也是商人、武士……

<h1 style="text-align:center">四</h1>

我们身上具有各种禀赋，人生多彩，我们总会在各个时段、瞬间、场合需要表演不同的"角色"、施展不同的本领，我们不该自树藩篱，并且我们还应该感悟到每一种表现背后的真义。

为商人的那一刻就需要诚信、公平，为武士那一刻就需要勇敢和聪明，为人师的那一刻就必须敬畏天理并真心爱护"学生"，行医的一刻必须能够将心比心，对"病人"投以无比的耐心和真诚。

# 五

人一辈子不变、不离的身份是学生和老师。我们是学生，以天地为师，以身边的朋友为师，以众生为师，以一切境遇遭逢为师……我们也是老师，而以无言之教为本，仁心爱人即是师德。

"君子有三畏：畏天命，畏大人，畏圣人之言。"如今一些人写了几年古体诗，就自诩诗人，行得几天医，就自以为是扁鹊。不可！在那些小框框里自满自傲，明眼人一看就知道你是笼中小鸟，君子必慎独持诚。

# 出世的境界，入世的心智

## 一

人们习惯于不假思索地把成功归因于人的素质、能力、个人努力和战胜艰难的意志，这是关于成功的正统看法；也有人认为机遇和贵人襄助必不可少，而那些认为成功来自命运的人被普遍视为逃避者。

可以将人生和事业分别比作品茶与弈棋。人生注重的应该是幸福与成功的圆融。品茶自然是自得其乐，弈棋之乐在于不要钻到游戏里边去。人生就如品茶，事业就如弈棋，出世的境界，入世的心智，尽心尽力又超然于结局。

## 二

我理解的"命"，就是指一个人的性格。

人生轨迹是你与外部世界碰撞出来的，性格是影响人生的重要变量，当然函数关系决定曲线。国外所有大师把成功学建基于自我意象也即此意。佛教讲要破"我执"，真是深得要领。性格也并非一生不变，其中也有可变成分。那些不能领悟佛学奥义的人须从反思自己的性格入手，当是恰当法门。

# 三

"运"就是一个人既已养成的习惯。

运气并非像人们理解的那样总是突如其来的，或者以极低的概率光顾某些人，即使有时确实如此，但也只是个案而不是规律。运气是一个人的做事方式和思考方式积累起来的结果，这就是古人讲过的"感应"，有些看似没有意义的事件可能就会唤起你的机遇，你的许多"无心的坚持"（习惯）也在酿就着你的机遇。那些以目标为导向去过整个人生、羡慕别人"赢在起跑点"的人活得很累，他们虽然志大却目光短浅。"运"就是正念，口、身、意都很正的习惯。

# 四

"风水"包含人的出生地、工作地，人对环境的态度、感觉和关系。

风水就是来自自然环境的影响。性格、习惯对人的一生影响巨大，但是在不同的环境中，性格和习惯对自己也会有不同的影响，环境会对你做出不同的解读和反应。尽管有顺序关系，但是命、运和风水是连带起作用的。有些在政府做不成事业的人到了企业，下了海就立成大业，这不乏其例。

关于风水还有积极的一面，那就是你可以正确处理与环境的关系。除了对适合你的"良禽择木而栖"，再有就是"让环境养你"。比如，如果你豪爽大方，那么北方的环境养你；如果你温柔细腻，那么南方的风土养你。风水分自然风水和人文风水，总之你要使这个互动（人与环境的互动）呈现为良性的，这其实并不神秘的。

# 五

"读书"往往是贫寒子弟改变命运的一根稻草。"读书"是最重要的，但重要在哪里很多人不清楚。

读书有两大好处，也有一大局限。

第一，读书可以缮性（修治本性、涵养本性）；

第二，读书可以缩短与巨人的精神距离。

但局限是：如果脱离实践，人会变得很迂腐。

人们对上述世俗格言的误解是不浅的。误解之后，人被引到了相反的方向：一味地怪命运而不再努力；再有就是一味地强调自我的努力并执着于此，而忽视了处理自己与环境的关系。

# 每一盏心灯只对自己点亮

我们的"心"是照亮世界的一束光。任一情境、任一季节、任一观点都经过了心灯的照射。

每一个人都有这样一盏能照亮自己内心世界的心灯。

人们常常没有意识到,大千世界、历史长河,都不发光,我们所见的它们的光彩,都是自己当下内心之光的反射。

我们经历过的事、所渴望的事物,以及所处的环境、所看见的一切,都经过了此刻心灯的照射。

我们携带着这颗心灯从过去走来,过去只有通过当前光亮的照耀才能成为现在心灵中的图景。

只有跳出自我的框架、站在更高的维度才能明白,世上的人们都是用自己的心灯照亮只有自己才能看得到的"全景",包括独属于他自己的历史和人生故事。每一盏灯都只对每个人自己亮着。谁都不见别人的心灯,谁也无法得知别人心中看到的自己的模样。

大家所共见的世界是基于一个共享的协议。

凡你所能见、所见、所知的各种人,都是你曾经是或可即将成为的人。你所见的外部世界,其实都是你自己的镜像,不多一丝一毫。当你转变之后,整个世界也相应地发生转变。

转变后的你,将是另一个版本。

# 发条机器的自我革新

我不自由，我由某个程序驱动。这个程序是如此强大而隐蔽，悄无声息地凌驾于任何"神明"之上。少有人能看清看透此中奥秘，只是每天茫然无知觉地作秀、配合着作秀，还以为我主宰着我的生活。

## 一

人就像带发条的机器，起初还蹦跶着自己拧力，慢慢地开始绷满释放，直至放光释能。

每个人的人生舞台总归有始终，但对历史却是持续流淌的。一条命就是那根发条，有他的始终、周期。在舞台上，也有他的崛起、轮替。

不过这个被比喻为发条的命流，比喻的不仅仅是能量、体力，也是心理、思想、心灵功能的周期。也就是说，一个人的心灵齿轮转动到不同生命阶段会改变他自己，他的社会角色也迫使他改变了心灵的功能。再比如说，人的一生虽然没有经历化蛹为蝶般的"世代轮替"，其实人心灵的改变比这变化更根本、更彻底。

到了一定年龄，有些人已经彻底无力做年轻人很容易就能做的反思了，他们在年轻人眼里甚至是糊涂的、不可理喻的。但这不是病，而是发条所蓄的能量释放殆尽。

二

我们一生所做的努力，重要的不在于努力所聚焦的目标，而在这种努力的态度本身，带给我们福利的其实是这种态度。我们的命运改变，间接来自态度的影响，而不是有目的的操纵。

人的一生就像一棵大树，经历发芽、成长、衰老和死亡，"天"的智慧存在于"一生圆满的总周期"，"地"的德性存在于一生积极和顺的历程。

人生如一幅画卷，全图就是一生圆满的智慧，而当前的所知、能知只是画卷的一部分。

# 人格特质

制定各类人格测评时，心理学家都谨慎地回避用好与坏、优点和缺点来描述人的不同特质。然而，测试报告中婉言道出的那些不那么积极的特质，却总能令我们感到十分熟悉甚至亲切："原来我是这样的，难怪……"于是，我们将这些标签敝帚自珍般地揣进心口，好生呵护，成为日后力有不逮时的说辞。

## 一

相对心性？这是一个错误的提法，但有意义。如果我们把人性的起点处（自性足具）作为人性的潜力，那么阻碍人们"成佛"（解脱所有缠绕）的就是那些业力（遗传得来的、集体无意识中的、个人口身意所造的、个人经历中形成的）。

这些业力的作用并非完全无序，各种人格测评手段，就是依据这些"序"上的规律，研究出不同的测评技术。在有限的人生（尤其是在某一段时期）中，人格、个性确实呈现了比较稳定的特征。因此，根据各家的方法，从一些日常琐事中反映出来的思维与行为模式就可以大致探索出你所属的"基本类型"。而这些类型又可以帮助你理解、预测"被试"的一般行为、思维。

这里的关键是：

第一，要把握那些"序"，从做测评到应用到实践中都不能忘记这个假设。如果有人辩论说"测评不可能是绝对准确的"，那么主要问题也首先出在这里。

第二，在应用测评结果的时候，不要过分执着于你所属那个"类型"。测评的便利性在此，局限和危险也在此。所以你需要对这个"类型"给你所贴"标签"的局限性有所警觉。但这对很多把测评当工具来使用的人来说，理解这点是极其不容易的，需要更高的智慧。

对于测评，我的态度是：可以运用它，享受它带来的便利性，同时相信人性有跃升和突破的空间。要记住，人的另一个牢笼就是组织、周遭、领导给他的标签。对于自我测评的结果，记住那只是帮你找到提升和突破机会，仅此而已。不必唯它是从。

## 二

我不接受 MBTI 报告的建议！因为当你"注意到了"你的"特质"，你就获得了从"特质"这个笼子里解脱的可能了。心理测试的结果是一系列的标签，我不接受这个标签。

我骨子里认定人们拥有追求进步的愿望，骨子里相信人们拥有自我进步的资源和潜质，明白人们苦于缺乏自知，懂得直接为他人提供帮助会立即诱发其防御心理。

# 人的三个自我

## 一

"我"的人格结构中有一个是"原本"的自我，另一个是"社会"的自我。他们既互相独立又互相联结。这有点像两台连接在一起的电脑，各有分工，各有特长，统一对外，但又互相对立，存在矛盾和冲突。第三个自我是"超我"。其作用是对自己进行观察，进行"意义"的思考，并对自己在他人心中的形象和自身的价值进行"第三方"判断。

每个人的三个自我并非都能得到平衡发展。我们说的智慧和境界通常指的是第三自我的发展维度。

## 二

人的知识获取和价值观塑造属于第二自我的任务，他的思考存在于对外行动的价值与策略判断之中，它即使反思也摆脱不了自我作为思维主体的局限。

原本自我，是一个不需要思考的机器。它既具有神奇能力——十分准确的直觉；同时也十分昏庸，因为它不仅是一种维系高度进化了的生物与世界之联系的全息感觉体系，同时也受到本能欲望和生物一切本能弱点的挟制。因此在存在利益、诱惑的地方直觉是不存在的，就算有也是假直觉。

这几个自我经常打斗起来，人的理性无法理解这一现象，也会使我们的内心充满无名的苦恼。严重的冲突就会引发霍妮（卡伦·霍妮，精神分析学说中新弗洛伊德主义代表人物。霍妮是社会心理学的最早倡导者之一，她相信用社会心理学说明人格的发展比弗洛伊德从性心理的角度来阐释更适当）所讲的那种由于内心的冲突造成的神经症。

**第一自我与第二自我的平衡**

社会心理学讲到了人的认知思维有两种模式，第一条是基于图式（schema）的，是自动化的、情绪性的；第二条是基于努力的，是理性的、检核型的。其实这就是两个自我的独立存在的证据。

其实第一个自我的需求经常得诉诸第二自我的努力才能实现，同时他也会对第二自我的"无能"给以抱怨，第二自我的自我辩解会导致人陷入"受害者心态"和"报复心理"。第二自我无法直接获得快乐，它的一切努力成果转变为快乐需要第一自我的评价。因此那些欲望太深的人，无论多么有才华，多么有成就，也未必能够快乐。

处在修养的初级阶段的人"以戒为师"，就是企图从第二自我生出对第一自我的压制，于是逐步通过"定力"升华至第三自我。

第一自我在有些人身上也会很好地与第二自我融洽相处，就是那些看上去不怎么有智慧但过得很知足很快乐的人。因为他们拥有平常心。

也有时第二自我成了第一自我的奴隶，这些人经常神经分分的，他所有的理性和知觉都被调来从事一些毫无根据的妄想行动。传销、买彩票等行为中都有这种影子。

在第二自我稍占上风的人那里，第一自我成了"常识"的代言人，当理性的判断合乎直觉的时候，他的信念可以达到百分之百。

### 第一自我对第二自我的挟持

第一自我对第二自我也会有一些巨大的破坏性。

这又有两种情况：第一种，是二者都很强大，却又有强烈的冲突。这就使我们的理性思维彻底失去了连贯性，表现出神经症的症状。我们的内心存在冲突，两个自我的发展路径不一致，我们就会不快乐，会受到许多无名困扰；第二种，是第一自我一旦受到诱惑或得到某种满足，就会被立即激活，于是第二自我随之立即陷入清醒的瘫痪——意识清醒，却不能主宰自己的行为。性、爱欲、突来的钱财、虚荣、名利、恭维等，任何具有成瘾性的事物都有可能为第一自我带来直接的满足，使第二自我遭到贬黜。这是一种心甘情愿的意志崩溃，并在事后后悔。戒毒复吸的人，被糖衣炮弹打倒的人，被美人诱惑而失去原则的人，被习惯控制了的人，他们坚定的决心和承诺顿时消失得无影无踪。他们放任第二自我沦为第一自我的奴隶，他在一旁不仅不去制止第一自我的狂欢，还在为它自圆其说："先干了再说，然后再去弥补。"

如果第一自我被外部"机遇"满足，他的第二自我便立即变得不再必要，表现为意志力的下降或短时消失。各国特工的甄选，都是基于对第一自我的控制力的水平，并通过训练让特工们不断提高。戴笠训练的特工在毕业时还设了一道关卡，就是假逮捕他们，看看谁能承受诱惑和压力。

第一自我对第二自我的挟制，是十分危险的，小孩子尤甚，家长对孩子自制力的不放心就是这个道理。

第三自我是纯粹在后天修炼基础上发展起来的。其实很多人一生中都没出现过这个明智自我，也就没有自知之明。

### 三个自我健康的平衡

对第一自我也不必过度贬低，它也是人性的一部分，有其正当的一面，所以与人接触时应适当地对其第一自我给予安抚，这就是尊重他人的表现，也是相处之道。

男女之间总有一个"可能相爱的影子"，比如女人在男人面前一旦拿出得体的娇嗔就会立即得到原谅。这都是第一自我对第二自我立场修正的力量。

人与人之间，永远不要伤害彼此的自尊，这样就不会得罪第一自我，出现矛盾就容易修复。

与人打交道时一定要记住：你需要与他的三个自我相处。对其矛盾的行为不必过于讶异。比如，他的理性自我接受了你，回去也许会反悔，因为第一自我教训了他。莫逆之交便是两个自我都融洽的境界。

人的三个自我既独立又相互连接的事实，证据是充分的。

什么是三者健康的平衡？修成第三自我的幸福之道是什么？这是值得思考的问题。

第一自我提供动机，第二自我提供策略，第三自我提供幸福。任何偏差都是疾病的表现，任何冲突（冲突也有良性的）都有可能导致疾病。

# 梦是一个通"天"的口子

我们都有过从梦中醒来，怔了半晌还回不过神儿来的感觉。

梦与醒，到底哪一个更真实？

弗洛伊德在《梦的解析》中，把梦称作通往潜意识的桥梁，梦成为研究自我的一个重要的"文本"。荣格从梦境中追索人类世世代代的经历与情感在心灵上留下的刻痕，雅克 – 拉康赋予梦以结构化的语言。

你的梦是怎样的？

你从梦中能读出什么？

## 一

"梦"自古以来就是一条重要的通道，我们在梦中以"无我"在场的"他者"角度领受启示，或者以"异我"的身份参与其中。高明的催眠者，也懂得这个秘密。

## 二

弗洛伊德的伟大是一般学者包括他的后人所难以企及的，很多人至今没有真正明白，为何雅克 – 拉康等一直在追随他。

不过弗洛伊德在把他的智慧进行理论化的时候，有些造作了。

从拉康的理论中，我们似乎可以再把弗洛伊德原本的智慧找回来。

梦境的隐喻不仅仅是一种遮掩、变形，而且以精准、严格的方式，通过不同场景、故事再现了你的心绪、关切、隐忧！然而梦与它们的等同性，并不发生在当前语境，而是远古语境！在那个远古语境下，梦准确地再现了你的心情、逻辑！

荣格后来提到远古记忆，人类共有的潜意识，其实就是这个意思！

我不认可如今很多所谓的易学大师，他们远未能够从远古语境理解象的严格、准确，必须把象还原到远古语境中才能清晰地读懂《易经》。

# 三

易理学派企图把《易经》变为显学的努力，是有问题的！《易经》术数学派虽然抓住了某些显学的结构（方位、阴阳与五行等），但是最大的问题，或者说根本的错误，在于它企图找到对幽冥的控制按钮。

梦是一个通"天"的口子。而神秘主义者对梦的解释掺杂着人类的妄想，将梦对象化而去理解和解释它，又丢失了开启启示的机会。

梦与白天的生活，不是影子的关系，白天也并非更有优势。它们之间确有联结。把白天的生活作为真相，而把梦作为"非现实"，是错误的。破解梦，是企图给理性一个交代，理性又是清醒时刻的立场。

我们需要剥离"清醒时比梦境更优越"的价值预设，给梦一个与清醒平等的地位。梦带给你的感受，比梦的内容更重要。循着这个感受——这虽然不容易，这对很多人来讲是登天之难——我们可以找到当前生活中与之相对应的事件，更了解自己的潜意识。

梦境可能是凌乱的、碎片化的，然而当我们剥离梦中每一细节的具体形象，而只取感受并把感受描述出来，那么梦境就显现出了其连续性以及真意。这是我对拉康理论的领悟，也是对梦的第一个破解：梦符合语法规律。梦，就是一种语言，不过梦的语素是把场景、情节转化为感受，然后再去与现实相对应而获得的。

梦境不是混乱的，在破解了梦的语言之后，我们就会发现，梦境比清醒时的意识更真实、更全面。

## 四

梦境中的场景看似混乱，其实逻辑是极为严密的，且具有连续性，因为场景并不重要，场景所对应的以及它所代表的才是语素。褪去具象的场景，而只留下语素，就呈现出来连续的梦的语句！在这个语句中，这些语素的连接完全符合"语法"规律。《易经》用的就是这种语言。

# 梦与醒哪个是真?

"昔者庄周梦为蝴蝶,栩栩然蝴蝶也,自喻适志与,不知周也。俄然觉,则蘧蘧然周也。不知周之梦为蝴蝶与,蝴蝶之梦为周与?"

——《庄子·齐物论》

## 一

"梦境荒诞"这是人们清醒时的立场,"梦中有启示"才是梦的奥秘。

一梦醒来,才发觉平日强大的自信背后所包藏的各种隐忧、盲目和执着,才体悟到那份隐秘的焦虑和情感。一梦醒来,才明白刚刚梦中的理所当然的事居然如此荒诞不经。

梦中理所当然的事,在醒后来看是如此荒唐,但清醒状态下的强大自信就一定可靠?秘密在于:这个理所当然,这个信誓旦旦,都是源于一个"心"系统。

视荒唐为真理、视虚幻为真相,这个心是怎样的系统?

## 二

"庄周梦蝶"这一典故想说的是:梦才是真的。但是话只能说到这个分儿上,因为听众是醒着的。

我们所谓的文化、文明,我们的现实世界都是建立在"清醒"

的基础上。于是"清醒"居于主体地位，清醒时发生的一切就成了"真实"，并作为评判的权威。

其实"清醒"的心已经退到了"我"的壳里，它面对着无数的心（社会），在这种由众多心灵构成的环境中，这颗"清醒"的心寻求认同，渴望在互动中获得利益，这成为它主要的追求。

而梦中虽然会出现各种场景，然而在带有启示的梦中，那颗心具有完全不同于"清醒"时的品质，它虽然是"我"的心，但它的感受却是从集体无意识的"整体"中获得的。而长期生活在聒噪混乱中的人已经失去了做这种梦的能力。

## 三

我们的很多智慧若隐若现而无法进入意识，其最大障碍不是所谓的"自我"，而是比"自我"还要靠前一些的"醒"。

这个"醒"比所知障更深一层，"醒"就像一团大雾，把自我罩在中间。或许我们的梦境可以分为好几层，我们把意识所在的一层叫作"醒"，于是其他的就都"不真实"了。当梦成了自我的主场，在梦里我们不仅获得了到后来被"醒"否决了的感悟，也在梦里看到了"醒"的荒唐。

我们的很多奇思妙想、突破性感悟都来自"醒"之外的空间。有谁能够明白"醒"本身就并非权威，而被贴上"梦"的标签的地方，才有真相。

## 四

人人都是梦中人，只是有人知梦是梦，有人以梦为醒。

不是醒与不醒的问题，原本就没有醒这回事。梦倒是有的，梦不是醒的对立面，梦才是常态。"醒"是多数不知梦的人合伙杜撰编造出来的共识，那些所谓"明白人"都是活在梦中却以为自己清醒的愚夫。

# 她和他

## 一

人们看问题时往往带有性别特征，这是文化在背后作祟，无论如何，人类欣赏美时都无法摆脱性别文化的影响。羞怯、勇敢、坚强、果断……这些特质都带着性别假设。而且，异性的评价都是有生命活力之男女追求美的重要动力。

作为一名男子，当你的观点过于尖锐的时候，你可以尝试换位，想象一下一个雍容大度的女子在表达同样的观点的时候是怎样的。她们内敛，会关照他人的接受度，但同时又立场坚定而鲜明，甚至不需要言语就可清楚传递她们的意见。

作为一名男子，当你温吞而无个性的时候，你应考虑骄傲不逊的美人所欣赏的模样，然后有意识地训练自己，使自己变得隽永、果敢、简洁而又新意迭出，你敢于挑战同时又敢于面对任何压力，你敢于牺牲又敢于争取。

这里谈的并不是如何讨好异性，而是从审美心理学的角度探索如何完善自我。

从这个角度来说，男人必须率先从女人眼里完美起来，因为无论男女都无法接受一个无性别的英雄。这是一个普遍的真理，在动物界和人类世界都适用。

<h1 style="text-align:center">二</h1>

电影《非诚勿扰》中的那句台词"你怎么知道你不是同性恋"，其实很有道理。

按照荣格的理论，个体对集体无意识的传承并不是按生理性别进行选择，集体无意识没有男女之分，只是生理性别唤醒了相应的部分。其实在男性的灵魂中属于女性的集体无意识也存在，在女性的灵魂中属于男性的集体无意识也存在。

男人在面对女人的时候，在面对困难、危险、挑战的时候，出面保护别人（英雄救美），表现英雄气概、展现出广阔胸怀的时候，才真正成为男人。

在男人堆里，在平庸环境里，在强势的女性领导或凶悍的妻子面前，男人可能会变成娘娘腔。在困境中，女人也不再温柔。

在集体无意识层面，男女没有分别，男女只是生理上有差别，于是产生了性别意识。

# 人焉廋哉

## 一

人们只知道曾国藩有识人的理论，却不大清楚孔子在识人方面的圣明。孔子从三个方面识人，让你的本质无处躲藏。

"视其所以"，这是讲人的一般心性。我们从人们做事所凭据的"道理"就可以看破这个人的心性。每个人都有属于自己的、不言自明的"道理"，西方文化理论称之为"信念"，这个东西嵌得很深，左右着人们的理性逻辑。

"观其所由"，这里讲的是人们行为脉络、轨迹、演化的机制。这比"所以"埋藏的还要深入一些。人们由一件事而引发做另一件事，这背后的"缘"机也是个性化的。每个人跟不同的事件、情境的缘分是不同的，而这个可以唤起相应的"缘"，也就是前后事件之间的独特联系，更深刻地显示了你的心底本质。

"察其所安"，我们常常看到别人的躁动，却没有用心观察什么事、什么情境、什么行为可以使人心安理得。我们一切的不安、躁动、激情、焦虑、愤恨等，都是由于心有不安。这份不安之心怀着能量，使你凭借行为，推动局面朝着能使你内心平衡的方向发展。但何处是你的心安之所？每个人的答案是不同的。

从这三个层面看每个人的表演，看互联网的信息，人焉廋哉！

## 二

各路专家、名流、善思考者，每日发文，滔滔不绝。遇不同言论，辩论有方，逻辑严谨，为世人称道。然而在我看来，他们非但不能被称为智者，且多愚昧之徒。

恰是起心处才有道德真相！因此夫子说"人焉廋哉"！知其所以、所由、所安，便可知其为人。

## 三

老师很多专文讲解孔子之"所以、所由、所安"，最直接的解释是什么？

我说：人性"需要三证"，即事证、理证、心证！夫子"三所"（视其所以，观其所由，察其所安）与此呼应。

理证，即"所以"，对应思维模式、逻辑模式、心智模式；心证，即"所安"，对应"理所当然""不言而喻"之理以及"信念"之类；事证，即"所由"，对应"自我意象"，或动机层次、行为模式。

## 四

人们要突破自我，脱"我执"，其实"他"就是"我"的栓柱。"我"是发机，"他"在第一刹那就是"我"之母，然后"他"就把"我"套在这里。

一切可以在你眼中心里称为"他"的，都在规定着你是什么。

因此，从一个人的"所以""所由""所安"就把人看透彻了。

人们谈论的对象、话题，心中隐藏着的（与自己当下）对话的对象，都是那个"他"。

人们只知道从角度、立场看"我"是一个明智的路数，却没多少人能从"我"所对应的"他"回望自己那颗心。"我"上有很多遮蔽，而那个你试图定义为客观的"他"就彻底地出卖了你。

号称有责任担当而妄发横议的人，其实他们的世界一团漆黑，因为他那颗不如意的心已经执迷于抱怨。总是点评别人的人，把自己包装成智者，其实就是自大。满眼莲花、清清淡淡，积极乐观、逆来顺受，如孩童一般的人，或许才是贤人。纠结的、磨磨唧唧的，都是需要治疗的病人。

古人对"思考"一词非常慎重，因为思主在"我"，所思在"他"。中庸讲"中节"，是一颗"与天地参"的道心；佛家讲发心，并从缘起处看它"性空"。

# 思无邪

## 一

孔子说，《诗》三百，思无邪，很多人难解其奥义，因为人们对这个"邪"字的理解得太偏狭了。今晨突然觉得透亮开朗，顾左右想找一点可以应心的音乐，结果哪段都不合适，才想起"春阳"般的《大悲咒》最合适。打算读点什么，结果随手拿起了《大学》。

随意翻开一些人的文章，扑面而来的是漫天遍地的邪意。那些写景的、写人的、写事的，无不矫情忸怩、任性恣肆、自怜自恋。于鱼肆中生活日久，自邪而不觉他邪，今突然明白，顿觉邪为何意。

无邪的一瞬，天空都开朗。《诗经》《论语》，都无邪。

## 二

艺术是难以言表的悟性与情境的传达。而那些缠绵、呻吟以及肤浅的"妙语"，尽管悠扬，却是病态的。《诗经》中的"风"，素朴但属于最高艺术境界。它的起兴就是情境"转类传达"的杰作，而宋词要逊色得多。《诗经》是在人天之间转换，宋词大多也就是自恋、自怨、自艾，借景生情时，景也不过是情的投射。

有些细腻善感的人，其实并非真有才情，而且情商很低。在自己的心界迂回婉转，终究无法领略天人合一的平淡大气。

而表面粗朴的文章倒是有大智慧，如"落日照大旗，马鸣风萧萧"。何其壮伟！作者的胸襟与气势还用直说吗？

有小才气的人儿，如果任其纵容自己的情思，不仅不会成就真的文学，还会使自己越发失落红尘。人进步的直接标志，就是文字逐渐返璞归真，心路也愈加阔达。

## 三

人生有两大境界：着真我，着实相。

着真我，即成为真正的自己。"成为你自己"实在是不容易，马斯洛研究了一些自我实现的人，也提供了一些指引。罗杰斯也做了很多工作。"平常心""顺其自然""随遇而安""鹤发童颜"等，背后都对应的是"成为自己"的人格。

着实相，着于事物本质的思维其实源于"以心应物""天人合一"的无我心智。天，就是外部实相。而太多以评价代替认知的做法其实都是以己心作镜子，照出的是主观的图像。

焦虑、嗜欲使人处于失其真我的"散魂"状态，人们的看法、态度，以及知识结构和探索知识的动机都已经被"心"割裂了，能触到实相的人不多。

"着真我"与"着实相"是一物的两面：真我讲的是主体的人格状态，着实相讲的是真我下的心智。

## 四

《诗经》和《论语》表现出的才情是健康的。无我，即有真我。

知、思、行中贯穿着的主导格位，这才是"自我意象"，它被目的和自我合理化、防御笼罩。别人相对更容易看明白"你以为你是谁"。

当你自问"我是什么""我是怎样的人"时，你就调出了对"自我感受"、别人对"我"的看法、对我曾经走过的路与做过的事的反思。

对"自我"意欲成为什么，我们很难自主决定。因为当前立志的"我"多处的格位之"知、思、行"受当前状态的限制，充其量只能了解自我突破的必要性，但对"意欲成为"的自我只具有"价值"和"概念性"上的了解，人无法用意欲成为而尚未成为的"我"去感受、去思考、去认知、去行动。

人们阅读，通常也不过是为了猎取"知识"，于是读不懂、读不到我所要说的。他们不承认他们不诚恳，他们于是学不会诚恳。

66
·

丹蕨先生发现很多企业家都有

不同程度的抑郁症，

而消解抑郁的良药

就是**家庭温暖**。

丹蕨堂作为**至公心宅**，

为很多企业家提供了家庭温暖。

99

# 镜智是什么？

人们并非总是能够清楚地思考。

思考就是"我"要找出各种现象的答案吗？对复杂事理的顿悟并非在"我"的控制下取得的成就，因为困扰人们的复杂现象背后的因果关系通常既不简单又不直观，我们甚至常常无法确定我们要思考的对象。

我们可以自问：我真的知道我的困惑吗？未必！

这是因为使我们困惑的根源来自我们头脑内部的思考方式。能够使自己获得这份自知的智慧乃为镜智，有了镜智方可激发顿悟。

## 只缘身在此山中

很多时候，我们自己就是现象和问题的一个部分，我们所进行的思考不过是从现象的一部分去观察另一部分，这如何能够识得庐山面目呢？

我们必须脱离"部分"的视角，而站在（包含自己在内的）整体的对面，对它进行观察。一个超脱的"我"对现象和现象中的"自我"进行观察，这就需要所谓的镜智。

举个例子。曾有人抨击京剧的节奏太慢，说他不喜欢京剧，并由此预言京剧将会消亡。这就是一个典型的缺乏镜智的例子。京剧与故事片的最大区别在于，它的魅力并不在于故事的结局与情节的演进。一部京剧可以百听不厌，关键在于它的唱腔韵味以及衔接唱段的优美伴奏，使你能够在悠扬婉曲之间反复地回味故事中的情感和情境。情节的意境是在听众的内心展开的。大师拉长的音和停顿都不会使人感到寂寞，因为他们在听众那里余韵萦怀，这正是京剧的艺术手段。而故事片或足球转播，一旦公开了故事或比赛的结局，就失去了悬念，魅力也大打折扣。

那位批评者对京剧进行观察之前已经具有了浓厚的主观情绪：不喜欢。有偏见在先，继而再给出一堆理由（比如京剧节奏太慢）。显然这不足以构成不喜欢京剧的理由，真正的理由应当是不懂京剧。因为对京剧有了深度了解之后，对京剧无论喜欢还是排斥，你的理由都应该源自对它自身美学特征的评断。于是此君对京剧将要消亡的预测也就变得毫无价值。

在这里值得注意的是，他提供的这个"理由"显然只是为了给那个草率、任性的断语一个交代，从这个"理由"到后来的预测，整个过程都没有贯穿真正的思考。像这种以一己之情绪主导后续推理进而得出无稽结论的情况，在人群当中非常普遍。

但如果此君具有镜智，那么他就会把京剧魅力之所在、自我（个人兴趣、鉴赏力）、自我与对象的关系（喜欢与不喜欢）、对京剧未来的预测这四个问题区分开来。他就有机会站在更客观的立场，通过更高的视角来观察。当他自己也成了被观察的对象，他就会对他与京剧的关系（喜欢或排斥）看得更加清楚。他对京剧的未来作出的判断中，所包含的他个人的因素也会更少，至少不会在"不喜欢"和"必然灭亡"之间建立根本不存在的逻辑关联。

在现实生活中，我们的头脑就像煤矿工人帽子上的灯，照耀着我们所面对的对象，指引着我们的行动。然而也正是这个高度有效的指路明灯，制造了困扰我们的问题，因为我们生活于其中的现实包含着复杂的关系，我们对世界的认识经常无法剔除价值、情感和我们自身需要的影响。我们面对的对象当中有"我们"，我们的"自我"当中也有对象。现实中有太多问题，被"灯光"（自己的头脑）照耀的对象并不能脱离我们而独立存在。于是我们需要的是照亮整个环境的灯光，我们还需要一面镜子使我们能够把环境和自己的关系看得更全面、更透彻。

那些智者所拥有的冷静特质，智者所倡导的超脱，都是来自这种智慧之光。

罗素在研究数理逻辑时曾经讲过一个例子。岛上的一个理发师说，"我给岛上所有不给自己理发的人理发"。"那么谁给你理发呢？"这就是自我相关的困境。生活当中这样的困境极多，只是没有这么直白明显。深陷苦恼之中的人们把求救之手伸向宗教，宗教智慧使人们快乐的秘诀在于帮助人们脱离自我执着。

## 跨越时空的系统思考

即使上天把天地间的一切规律以自然运作的方式展示给了我们，但是我们中的绝大多数人还是陷入了无明。因为人类的"思考"过多依赖视觉意义上的直观，这是无法修成镜智的另一大障碍。读史并没有使人类更加明智就是铁证，悲剧重复上演，今昔与往日的很多事件何其相似。

那些复杂的社会、自然与人类的基本关系并非在一个平面上展开的，现象之间的因果关联、彼此间的影响可能需要相当长的空间距离才能发生，结果的显现还可能需要经历漫长的时间。再者，影响发生的形式也可能多种多样，单靠直观的观察并不容易发觉。

这里的镜智就是人们通常所说的大智慧，这个智慧使你能够观察跨越时空的立体图像，从而发现世界的实相。

《易经》就是饱含这种镜智的宝典。在中国古代把宇宙运行的规律称为"大道"，镜智就是悟道的能力。《易经》当中记录了各种现象间跨越时空的隐性关联规律，《战国策》《资治通鉴》中也蕴含这种规律。

当代社会学家把社会定义为各种关系组成的网络。这个观点也显示了镜智蕴含的洞察力。抓住了各种关系就抓住了社会现实及其演变的动力和过程的本质，这比那些以人群为研究对象的研究方法高明许多。

英国历史学家汤因比对历史的研究采取了文明演化发展的视角，也体现了这种超人的镜智。着眼于文明的发生发展规律，就能够把握人类历史的本质脉络，就能够理解不同文明间的异曲同工。丹纳在《艺术哲学》中论述的在艺术与历史人文、自然环境之间的发现，也是这种镜智。

如果我们把这个范围再缩小一些，在日常决策、处理复杂关系、制定企业战略上，这种镜智就是进行系统思考的能力。如果没有穿越时间和空间去思考问题的能力，是无法看清形势和事物之间复杂交织的影响的，就会陷入战术层面的格斗。

# 镜智本身就是一种心态和态度

镜智作为一种能力（习惯、超越），需要修炼才能获得。表面上看修炼的是一种心态、态度，因为镜智本身就是一种态度和心态，但它是一种"没有心态和态度"的心态和态度。

这里有一个机锋，那就是你从心态出发得到的还是一种心态，绝不可能达到"净空"的心态。镜智的修炼要"高洁"很多。宗教管束人心的方法有两种，对常人是采取劝化的方法；而对内部神职人员却必然从"戒"开始。佛教讲的由戒入定、由定入慧就是镜智法门。

要从自我约束、自我控制开始，进而入定，最终达到自如。其实很多大学者都能达到这番境界。学者的工作由两部分组成：一是自我主体的思考、推理、假设、验证等；另一方面他还必须时时从自我角度退出来，重新在无限的时空里整合潜意识里和大脑里的其他内存，以求对自我有客观的认知，避免陷入认为自我完美的局限。这就是为什么"小人物"爱用机巧，"大人物"善于守拙。

顿悟是镜智结果的"常用"送达方式，而顿悟出现的时刻一般恰正是你放弃执着的当口。二十年前读过一本诺贝尔奖得主的著作《科学研究的艺术》，他谈到很多大科学家都是在穷思不得其解，而决定暂时忘掉一切稍事休息或准备度假的当口，突然灵光一现，有了重大发现。

化学元素周期表也是门捷列夫在经过苦苦思索后，在梦中获得启示的。

在此我有一个感悟要与大家分享——镜智是超越自我的智慧；顿悟所悟到的内容就是镜智。

顿悟是自我持续投入思考多时，在暂时"放弃""搁置"的超脱瞬间降临的灵感。顿悟并非凭空而来，而是上下求索之后才可能得到的"天降之赐"，持续投入的思考是生出顿悟的条件。也就是说，顿悟与渐悟本无区别。

美国前总统里根的助理写过一本关于谈判的书，书中提到过：彻底超脱与全心投入的交替是产生智略的关键。

总而言之，以上可以概括为一句话：镜智是一种对"自我"局限的觉醒。

# 你是谁？

在人际关系方面，我总结了以下几点见解。

## 一

角色关系：你把一个人当成"哪一类人"，其中一个原因是他自己没有把自己当成"那一类人"。

情感关系：他把自己当成了你的"什么人"以及他把你当成了他的"什么人"决定了你把他当成"什么人"。

角色化定理：人际关系就像一堵"墙"，立在人与人之间，而这堵墙有着不一定一样（常常是不一样）却又互相关联的两个面。比如，老板把下属当成伙伴，下属必同时把老板当老板。这才是和谐、稳定的关系。如果下属同时把老板当哥们儿，那么老板就会不自觉地调整关系，把自己重新调回到老板的位置。老板也可以永远把下属当成哥们儿，前提是下属把老板当老板。再比如，你把某人当成大师，而他自己必须保持谦虚。诸如此类。违背了角色化定理，你在对方心中的形象就会损毁，你们之间的关系也会随之破裂。

## 二

情感镜像定理：我把他当成什么，一是因为我们希望借此换取他把我当成什么，或者这是因为我觉得他已经把我当成了什么。比如，我把你当朋友是因为你把我当成朋友，或者我是希望以我真心换你真心，你也能把我当朋友。违背了镜像定理，你就会遭受情感上的疏远。

人际网络推论：你在人际网络中的角色，很大程度是由你在他人心中的形象决定的。你在他人心中的形象取决于你的实际表现以及你如何对待他人。这里有两条定理：（1）你人生最大的成就就是成为真实的自己；（2）你终将成为什么样的人一般与你意欲成为的人并不一样，你只需鼓足勇气坚持正确的原则。这样最终你会得到一个令你满意的自己。否则你的自我是分裂的。

# 人，为何贪慕钱财？

智者知道他真正需要的，非钱财可以提供。但钱财究竟能提供什么，令人们甘愿为奴？并非因为人们头脑简单、不明智，这背后有深刻的道理。就是这个道理使人们陷入漩涡，不可自拔。

## 一

马斯洛的需求理论告诉我们人类需求的层次排序，但人们很少进一步思考：第一，这每一层需求的满足程度与个体价值观、内在素养的关系。也就是说这个需求层级排列起来成个什么形状是因人而异的：正金字塔？倒金字塔？哑铃型？每个人的都不一样。第二，这每一层的需求都不是单纯的个人现象，而都与社会有着千丝万缕的联系。人际关系需求受你所处社会阶层的限制，社会阶层又受你所拥有的财富、名望、地位的制约。第三，关于巅峰体验（自我实现），这种心理状态就更不可能脱离社会现实而存在。

## 二

钱财所能购买的"实际价值"很大程度上属于"境由心造"。那么如何理解钱对幸福感的贡献呢？

**对金钱的拥有是地位的象征，意味着一种成功**

金钱的社会学意义显得更为重要了，它在执行着一种社会规则。如果社会管理基本公平，那么金钱会比其他标准更为客观。但是这也导致了危险，表面上看，市场是公平的，这就意味着获得金钱的过程是公平的，于是作为社会价值标准的金钱就具有独特地位，它可以衡量人的价值。

这显然有问题，一方面，任何时候一定有许多无法用金钱衡量的价值；其次，获取金钱的交易过程使人类走向分离而非圆满，从人类学上说，社会个体的某种分离是交易存在的基础，而人类的融合才是幸福的基础（见弗洛姆《爱的艺术》）。

于是以钱财作为标准既有公平的一方面，同时又可能导致堕落的社会价值观形成。于是出现了怪现象：经济发展慢的地方民风相对纯朴；经济发展快但不富裕的地区道德沦丧；经济高度发达的国家对金钱的崇拜下降，道德水平提升。

# 三

佛教反对的执着，实际就是一种偏颇化了的人类个体与社会的纽带。作为社会人，我们获得的满足，无论是心理上的还是物质上的，与个体自身修成圆满之间都有一个不小的夹角。这给人带来痛苦，也带来希望。历代宗师、圣人，无非是劝诫人们如何平衡好这种关系。人类对金钱的态度与当下孩子们对待高考制度的态度一样，蔑视它同时又依赖它。这是不折不扣的囚徒困境，人类在道德上一天达不到默契，就一天得不到解脱。

# 镜面原理、感应法则

## 一

只有在日常随时随地去体会，才有可能学会教练的本领，所谓学会教练的本领，本质是内心世界发生了幸福的变化。

学习教练艺术需要了解"镜像原理"，即你的情绪瞬间引发对方相应类型的情绪（就像照镜子），因此管控对方的情绪必须从自我控制入手。

要想深谙教练艺术，就必须领悟到教练和辅导对象之间存在神奇的潜意识链接。你所不自知的假设、信念、态度，都会潜移默化地影响到对方的态度、感受，而对方无须清晰地意识到自己是如何被影响的。

从对方的反应里，我们或可以透视自己的潜意识。从自我的情绪反应中，我们也或可以见到自己的潜意识。

镜面原理讲的是，人在世事上所见的其实就是自己。感应法则讲的是，人与人之间心性相应。

## 二

"自我"是一种机制、功能，它以从不重复的模式安装在不同的生命体中。它有很多功能，包括和其他"自我"的接触，社会就是由很多"自我"形成的。"自我"在运作的时候，它的宿主被"自我"完全代言和主宰，宿主在"自我"之外几乎没有了意识，即使有意识也只能通过直觉、潜意识及各种感觉呈现。

一个人通过训练，在"自我"外边形成"旁觉"是有希望的。一个人在跟其他人的"自我"打交道的时候，常常无法实现真正有效的通心，这也是常态。明白这点之后，你还需要知道"自我"的一些基本功能："我是对的"，"我需要被正面看待"，"我的认知没有极限"。

# 三

为什么把聚精会神、真心实意作为基础功夫？对事物重要性的认识并不足以凝聚意志，倒是潜意识里边的欲望、纠结和关切可能控制着我们的心思。

为何那么多人学习教练艺术却总也学不会？一言以蔽之：你试虚伪，假装真诚、假装勤奋。学习必须真诚，虚伪是一种"假装真诚"和"不知道自己不真诚"的态度。教练首先要具备的是心性条件，学习教练艺术确实需要构建一些信念。因此，我们时时刻刻都需要用心体会对人的尊重、对人的信任、对人的启发、对人的依靠、对人的支持。

# 眼放长空得大观

## 一

如果只顾自己的利益或者只聚焦别人的看法，就会总是迟一步，错过机缘。当你聚焦众生利益或者忘我投入热爱之事，运气往往就会如树上落果般砸在你头上。

国富、民富，孰先孰后？孰为因、孰为果？这不是真理问题而是立场问题。官认为民富则国强，商以为国富则民富，这是"吉祥对应"，反之则不吉祥。

当前，全球范围内的个体、家庭、政要、组织、国家一律深陷安全缺乏的危机，把马斯洛理论用在他们上面，将会使世界文化或者说整个地球远离"自我实现"的祥和地界，陷入一片慌乱暴戾。

## 二

很多人认为：只要"我"穷，全世界的富人就都是坏人；只要"我"过得不好，全世界都应受到惩罚。不得志者跟不得意的人之间也是互相仇视的，彼此看不起对方。基本见不到有谁满意。

你讲"要包容""宽恕""忠恕"，他不扭脸就已经开骂。

他们不信（你劝他们去做的）他们做不到的别人能做到，他们不愿尝试他们自以为做不到的。其实他们很容易做得到，或者通过努力可以做到——那些貌似很难其实不难且可以改变命运的事。

其实他们确实没做到，似乎真的做不到。他们特容易生气，特喜欢辩解、辩论、说伤人的话，他们至死都不愿意接受一个现实：他们的苦酒都是自己精心酿造并独自专享的。

第二章

慎思笃行

# 甩开旁骛，投入忘我的一刻

## 一

任何人若能以自己全部水平的七成处世都必将大获成功，可是遗憾的是每个人只能活出三成左右。人活在自己的三成潜力中，却惋惜他人低于自己巅峰的表现。这是双重问题。第一个问题，是我们悲观的现实；第二个问题，是造成人际困境和成就认知障碍的根源之一。

我见到很多业务上非常平庸的人在围棋、象棋、桥牌方面有出色表现，我也见过太多在棋艺、竞技方面平庸的人物在业务上表现出色。连接这两个领域的狭窄隧道的本质到底是什么？

很容易可以看到，对弈的状态就是投入，而业务上能做到如此投入的人很少。投入程度很显然是影响表现的第一个要素，而什么又是影响投入的因素呢？游戏的边界。

对弈考验的纯然就是智商，而把智商运用到不同的游戏中，尤其是业务、恋爱、家庭、领导团队，就会发现游戏的复杂程度来自边界的复杂性。在复杂的游戏中，需要应对来自人际、情感甚至环境与文化、个人欲望等方面的种种不同的干扰。我暂不论加入不同游戏所需的不同能力，我只从背面着眼观察：在种种挑战下，我们是如何让智商沉沦下去的？

有一条流行谬见以为，人一直投入一件事就会疲劳。其实，人的状态散乱更容易使人陷入疲劳。而高度集中精力于一件事、一个场景，更有助于修养心魂。

能够做到投入就容易调动智力、潜力，从而进入巅峰状态，但是游戏的复杂性把很多人挡在了外边。大多数人在复杂游戏面前根本就无法进入游戏状态。你会理所当然地认为，学养是重要的障碍，是它把外行、没有专业知识的人挡在外边。我要告诉你：这不是真相，起码不是完全的真相。

不是大话，我可以领导专业人员在我不熟悉的专业课题上有所建树。我不相信缺乏专业知识就一定无法参与这个领域的创造，但这依然不是我要说的，我要说的是：在你熟悉的领域你也常常发挥不出十足潜力。而我恰恰是对这里的障碍感兴趣——到底是什么阻碍了我们？我把衡量突破这种障碍的能力的指标叫作"逆商"。

## 二

我们的心并非一台机器，而更像是帆船。它在运作时，性能受八风（佛教名词，即：称、讥、毁、誉、利、衰、苦、乐）的影响。突破这些"风"的干扰，心就能做到聚精会神。聚精会神，就是我说的巅峰状态。

细数障碍，有三条如能突破，功效将立竿见影。

**既得利益陷阱**

失去既有的利益、财富、地位，带给一般人的刺激强度远超十倍以上将得利益的吸引。那些口惠而实不至的老板，慷慨允诺的一般都是未来利益，你让他拿出现金去奖励员工，比割他的肉还疼；当一个人立志做一番大事的时候，往往舍不得来路上积淀的资本；很多人之所以前功尽弃，就因为曾经功亏一篑，而不愿从头再来；大多数人随着年龄增长，他们的精力逐渐转移到保卫既得利益，失去前进的动力……

这样一列清单，你也许就会发现问题：我们的逆商很低，是由于因小失大。越是曾经辉煌，就越容易变得保守，就越死气沉沉。

**成功、身份、名誉枷锁**

人们对身份、地位、名誉的动态、趋势极度敏感，人们忍受不了（与旧交、同事、邻居、熟人相比）地位的下降。为此会产生大量、深刻的非理性的规避、逃避行为和扭曲的认知，做出对自身不利的荒谬决定。

让我们获得成功的因素一半以上来自事业发展更好的旧交，然而旧交的发达却时常令人不够愉快。尤其在不久前还处于下风的旧交突然发达，你首先感觉到的是压力；能够跟曾经是自己下级（或者自己提拔过）的新上司相处和谐的人不多；如果你的上司曾经混得不如你，那么他对你的批评，就更具有伤害性；我们为了一次"不公平"的人事调动，宁愿放弃自己耕耘很久、事关未来的职位；我们常常因为受到身份提升的诱惑，而做出目光短浅的选择。

对优越感的痴迷，以及对沉沦感的厌恶，使我们非常变得小气，心思不知不觉就涣散了。

### 正反二元的狭隘认知模式

我们解读信息有一个普遍的模式：不是纯然就事论事，而首先是感受它对于"我"，是正面还是负面的。人们解读世界上的很多事情时的思维都有这个影子，比如用"好的"/"坏的"来判断。

其实，事实哪有什么好坏？如果受到批评，要么意味着我们或许有改变的需要，要么或许跟对方有进一步沟通的需要，又或许我们只需要忍耐。但是我们潜意识里，常常隐藏着对认可、表扬、夸赞、羡慕等的无尽需求。这口黑锅让我们对批评极端厌恶。

对世界上的一切，用"好坏""对错""有利/不利"等进行划分的认知模式，让我们从一开始就心存偏颇，难以产生洞见。

# 一切历史都是当代史

这篇的每一段内容我都割舍不下，看似说着不同的事儿：佛法、领导力、史学、个人修为，却在讲一个道理。必须将它们连成一片，才能获得周全的理解。

写这篇的灵感来自"诸行无常，诸法无我"。很多人对佛学的三法印之二，总不能切当把握。像几个陌生的字，在身体外面。

因为没有切身的体验，便生出很多困惑：无常，无我，都空了，这对过生活有什么帮助吗？这一段，是让佛法落入世间，明白了为何一切皆"空"，马上一个反转，让这个空性在当下起作用。这个反转非常漂亮，它需要的就是一跃——跳出正在思考的自我，跳出时间。

所以本文取了"一切历史都是当代史"作标题。克罗齐的这句名言在文章中看着不起眼，却恰恰切题。所谓"当代史"，说的是：过去的事实，不管多么久远，只有和现在生活中的某种兴趣、和当下境遇（当代人的感知、观念、精神状态和问题意识）打成一片，才会变成活的历史。正因此，"罗马人和希腊人躺在墓室里，直到文艺复兴时期，欧洲人的精神有了新出现的成熟，才把它们唤醒"。

跳出自我，跳出时间之外，落到当下。这就是南怀瑾师所说行于中道的菩萨道：起心动念，念念皆空；于空境中，步步行有。

有一个细微然而足以改变本质的差异，那就是每当我思考、有所感触的时候，即会落入无心无脑的状态，但在这一个切切的刹那之后都会立刻意识到"此刻我是无心无脑的"。

那么，这"切切刹那之后"又是怎样的？"

自我不能以既是主体又是客体的角色来完成自我觉察，然而自我发生的一切都留下感触、认知的痕迹，这些痕迹是下一刹那自我明智地觉察前一刹那的依据。

## 二

"您是在讲企业变革的困难的时候，讲这番话的。"

丹蕨：所谓转型、变革，其驱动力来自战略调整的需求，而战略变革的实现需要依靠组织转型，这一切的成功都发生在文化的演进中。因此所谓主动（出于主观意愿）发起的，变革成功率微乎其微。

"人们无力感悟到这些。那么成功的案例，有何不同呢？"

丹蕨：成功的案例，就是（战略）文化转型的实现。这些案例全部都是通过业务聚焦实现的，换句话说，都是在处理业务的过程中生长出来的。这是变革领导力的真正秘密，可惜明白人不多。

"老师的意思是变革领袖不是聚焦变革，而是聚焦业务如何做得更好、更能贴近客户需求与变化的大势，于是组织、战略、文化就完成了转型？"

丹蕨：这样的案例之所以非常少，绝大多数企业生命周期为什么越来越短？大家需要明白：你不能把这些成功案例简单地总结为"变革领导力"，从来没有这个东西。变革成功，背后还藏着一个真相，就是领袖的个人境界发生了跃升。

"顿悟——这个真相！"

丹蕨：每一次转型成功，包括人生转型，都是一次境界的提升。

## 三

丹蕨：一切都处于流异中而不住，你是懂的，对不？现在我要说的是，不存在一个观察这一切的主体。你的自我也不是这个主体。因为不存在一个"不流异"的静体，观察者也是流异的。

如果你明白了诸法无我，再能明白诸行无常，那么剩给你的只有当下了。

"那么如何理解生命的连贯呢？"

丹蕨：既然当下是真，那么决定当下质量的也就是重点了。这里才是讲"因缘""因果"的寸机。流行的讲法都是庸俗的具有功利性的。

# 天地不仁，以万物为刍狗

"天地不仁，以万物为刍狗"，这句话一直萦绕脑际。

回头想想，"成为本地山"，说的就是这句话："天地不仁，以万物为刍狗。"这恰恰不是我们一般所理解的"不仁"，而是"天地施化，不以仁恩，任自然也"。这是"仁"的至高处，是无需刻意干预的"仁"，是"慈"，是"无私"。

本地山就是万古圣贤。无本地无外地，无老幼、民族，足听天籁。

"何为天籁？"

丹蕨："经史所立就近天籁。似因缘因果，似大势必然，似无相别，似无生死，似晨起暮落。"

## 藏真何处？

人心可能有假，但人类文明肯定是真实的。注意这个假，再注意领悟这个真。谈这个假是立足于人欲的虚幻，而这个真却超越人欲，顺从了历史的规律。人的假糟蹋不了历史、社会的宏观之真。

其实文明也未必全真，文明也在轮回中被欲望推卷，摧毁着人类生存的环境和智力。当一个个体觉醒到自己生活在一种自己无法抗争和干预的必然之中，这个假便成了真，然而这个由假转真，必须发生在自我独醒的另一个真的背景上面，这便是老子的"以万物为刍狗"的真实性所在。

## 超一流沟通

沟通乃是两个不同思维系统之间的信息交换，你需要首先确定它们的兼容范围，这是你们彼此可以交流沟通的上限和下限。不要把沟通当成观念的推销，不要把沟通当成势必要达成共识的行为，也不要假设人都是一样的。诸如变换角度、共情等方法也未必总是适用的，境界与内在信念、假设的差异是巨大而不自知的。

高对下，展示的耐心、宽容，就是慈悲。慈悲讲的不是恻隐之心，讲的是觉者将众生"视为刍狗"并予以接纳。

## 身份，思维，态度

教授、顾问、参谋、领袖，乃至世俗大众，都处于社会网络之中。每个人被分配了独特的角色。这个分配，基本决定了他的思维模式。只有极少数的人可以超越角色进行思考，并在行动中不忘本色、保持中庸。从这一点上说，个体是自由的；同时，作为社会一分子也是一种宿命。老子所讲"以百姓为刍狗"，就是指天地面对大众的态度，我们要接受这个事实。

这个所谓的"圣人不仁"其实就是大仁。圣人接受这个事实，所以不去故意折腾民众，而是如烹小鲜。老子讲的清净、无欲就是治世之道。但这个无欲并非内心无追求，无欢乐，而是讲自娱者"老死不相往来"。

这个独处之乐趣，是任何心理健康的人不可缺少的东西。这里也有一个原则，即心中乐少必有厌恶。

# 涵养言语之前的那一刹那

在大匠塾[①]学习的第三天，大家走进白桦树和落叶松错落生长的黑白树林，止语徒步。初次体验过草原牧学的同伴，这次体验又不同。止语，渐渐从被动到主动；从口舌的止，到举动的止，到心念的止；从规定动作到日常每一刻，蒙尘的心渐露本色，心流源源不绝。

徒步归来，同伴之间分享感悟。有同学不慎滑倒，得幸躺在栈道上仰望蓝天，享受穿透叶缝倾泻而下的阳光。那一刻，任何感受都没有了，就是躺着，不想再起来。

## 一

乘着感受去回忆，不要让"我"解释感受。

人的言语是后天学会的吗？人类巨大的数据库是出生后被唤醒的，而语言是使那些东西得以呈现的工具，一句话：不是先有语言后有思想，而是先有智慧后有智慧的（沟通需要的层面）运算外壳（语言）。语言是第二性的、后天习得的，是它第一性（智慧）的表达工具。

---

① 大匠塾：作者带领同仁在正和岛开设的深度陪伴式课程。——编辑注

人脸也是一种广义上的语言，我们可以通过阅读表情来读心，这是一种先天本领。身体语言、表情语言，都是内心的镜子。我们的内心与身体、脸面完全同频同步。如果你没有陷入符号化思维并执着于这种思维，那么读心的灵感几乎是本能涌现的。

## 二

大道之玄深，不在言语界，而能被人的感悟接应，这在人的认识上就被识别为道理的玄义；现象背后的原理，只要是可被完整观察的现象，就一定可以在话语界摸清究竟，科学是通过实证、重复以寻找普遍性来理解现象的通道。

所有被人感悟到的真识，都是来自宇宙，但肯定不是"自我"的。越是感悟纯正、越不是通过思考得来的，越是不能自己控制。

所有思维能力的进步，无非是自己心智上"提取正见"的模式发生了变化，而那些被提取物是属于天地的、无私的，如果提取到的并非如此，那是因为心智扭曲、尘覆过厚。

# 古人为己

一

跟三四十年前的同学碰头，让我不遗憾的是，我是"自私"地活过来的。

没做过劳模，甚至没拿过"三好学生"奖状。

从小受父母宠爱，少有约束，专心掏鸟，精心布网捉鱼，制作风筝，后来制作电铃，乃至高中时独自完成了活体解剖并制作了完整小兔神经系统标本。

上小学时因为课上只画画不听讲而被罚站，又因为抗拒执行而被罚写检查，母亲和三哥没少替我写这种东西。

做企业时我是甲方却没有像其他人一样发财，做咨询时作为乙方也不识时务，比甲方还牛。我说自己挺快乐，大多数人都不信。

我从小喜欢问的问题，都是没人问的那种。这种习惯坚持下来，到老了，发现这就是做学问。只问自己不明白的问题，知道自己不明白什么，弄不明白就不罢休。结果不仅耽误了赚钱，连讨领导喜欢也疏忽了。

不要因小失大，是成功、明智的朋友常常给我的善意提示。不合时宜也是有些领导看不起我的地方。我曾拒绝了一些唾手可得的成名和发财机会，那是真的大名大财，是绝大多数人做梦都不敢想的那种。或许你都不敢相信，但凭良心说话，这是真的。至今想起，我还把它们当粪土。

做学问、写文章、过生活，我自私得很。但不是他们说的那种"自我"。因为我很有血气和胆量，还有迅捷的手段，为人仗义，关键是仗义。

我比绝大多数同龄人快乐。我说的是特别真实的那种发自心底的快乐，不是被人认可的那种成功的快乐。

## 二

修学、行善，一旦夹杂一丝功利，比如"提升业绩""改善经营"，都不再纯粹。如果修学、行善活动需要"成本"，这都会隐约地内生"对覆盖成本的活动形式的需求"，而能够覆盖成本的倾向都会使人感受到满足和喜悦。这个感受也会暗中使心灵偏离中正。如果修学、行善过程中含有一丝对"大众认可"的需要，也会把心拆解、分裂出一部分，从而丧失全心、全意。

## 三

宗教大都是教人行善的。行善是有信仰的人的外在特征，但是宗教的起点不是行善。宗教存在的支点或许是灵魂的寄托，但这也不是入手点。

真正的入手点是真理、终极真理，是向内心叩问，甚至对内心本身进行解构。寄托是信仰的自然结果，然而从追求寄托入手，则一开始就是病人和弱者的游戏，这种诉求无力触及真理的核心。行善也不是正道入门，求真从头到尾都是"古人为己"，求于真、成于善。

# 古之圣贤的境界：质朴的圆真

## 一

身为中国人，你真的了解自己民族的文化血脉吗？真的能从这些文化瑰宝中汲取营养吗？

古人智慧，道妙无穷，我们中的大多数是要补课的。

经常有人问为何古人能写出真正不朽的著作，《论语》《道德经》几乎常看常新，就好比天上的月亮跟着你的脚步，不管你自己境界如何提升，经典还是不即不离。

## 二

学习古人，既不必妄自菲薄，也无须片面夸大，关键在于握住要点，虽然我们的古人没有在无数微末处发展出鸿篇巨制，但古人的质朴却成全了"极简的圆融"。也就是古人的那个与你偕行的月亮般的智慧品质，乃是与天相接的天资。

这份朴真，乃是修行的目标。孔子不是一个什么事都懂的人，但他的确是无事不通的人；孙子很年轻就写出了《孙子兵法》，他也不是万事通，但他的著作还是不逊色于比他懂得多的克劳塞维茨写的《战争论》。可贵的是，古人达到了那个境界：质朴的圆真。

# 关于狼智

狼与黄羊同为草原的主角，黄羊却为何沦为狼的食物。狼与羊的生存策略或许可以给我们一些战略方面的启发。

## 一

弱肉强食的残酷文化并非注定塑造强者，强者总是伴随弱者共生。因此要思考强者出现的背景，这并非仅一个"草原文明"可以解释透彻的。事实上狼的智慧是伴随对手防卫能力的提升而同步提升的，因此狼的智慧有相当一部分是对手的贡献。战胜对手的挑战性越大，它的自我战力提升需求就越高。黄羊为了在严酷的环境下生存下来，它的防卫能力、警惕性，以及某些习惯和生存策略也磨炼得相当过硬。

## 二

但为何二者还是胜负分明，狼技要高一筹呢？这才是值得思考的问题。

首先，狼始终采取的是进取型的策略，而黄羊只是消极防御，黄羊从来没有想过为了自己长期的安宁，开发进攻性战略一举铲除狼患。于是在对抗中，黄羊总是迟对手一步。

其次，更为具有本质意义的是：狼对黄羊发起进攻的目的是取得生存所需的食物，它的驱动力是生存意志。而黄羊作为食草动物，它的防卫战略总是包含一些绥靖和机会主义的成分。

三

狼对黄羊的猎取是势在必取，没有其他退路；而黄羊以食饱甘草为先要，一旦遇到强敌或许有同伴挡着，总存有侥幸心理，想着事到临头或许有可以出击的机会。事实上，作战的胜负并不直接取决于你的直接优势，而更多取决于你的战略。

牧学，像原始游牧人一样牧放我们的心灵。

在草原，在深山，在荒野，在湖边，

放飞思想，重拾希望。

99

# 忠孝难两全，君子如何选择？

## 一

曾经一个机构发通知说，上级大领导要来指导工作，要求十家很有名的企业一把手必须在。通常这是不可能实现的要求，但大家都做到了。那时我记住了：大领导来访是不可抗力，是拒绝一切其他的充分理由。

还有一次，我结义兄弟的父亲去世，他的兄弟们必须到场吊唁。到了最后关头，其中一位兄弟让秘书来电通知：一位非常重要的大客户要来拜访，不能参加葬礼了。那时我知道了：大客户的需求是不可抗力。

人生中有很多事情可以按重要性排序，但是后来逐渐明白，排序的原则因人而异。

## 二

自古以来，有两对概念困扰人们：义、利，忠、孝。如今忠孝人们基本不提了，而在义利之间总是毫不犹豫地选择见利忘义。困扰反倒少了。不过有趣的是，人们巧舌如簧，对义进行歪解，那些不忠不孝的人如今都是解"义"的高手。

我做过挺大的甲方，我深知乙方的殷勤中缺乏真诚，所以我不喜欢。我也做过小头头，那时深知自己无知，不敢说指导工作。其实乙方比甲方贼，下属常常比上司聪明。

再谈排序，我以为还是应该"义"字当头。另外，践诺也很重要，希望他人不要因为大客户、领导的来访而把我排在后面。

君子以义为利。

# 三

贫而无谄不难，富而不骄也还容易，然而富而有礼、达而有礼就不容易了。前两者属于"成功学"范畴，属"戒"功，即所谓励志。而富达有礼则是内心之仁的呈现。我说见义勇为值得赞扬，艰难时期挺身而出的人是义士。但是对他人的善能生感念之心则近乎仁，是更可贵的心性。若能兼具二者，便是近乎完美的心性。

遗憾的是，很多"义士""好学者"常常忽视他人的"小善"，不明白"扬他人小善"也是在行自家大善，这是一种缺憾。我常常看到义士奋勇，而很少看到真诚欣赏他人的时刻。除非他人此刻正在给自己提供急需的安慰，并且这种安慰又来自此人的自我牺牲，否则我们很少有足够的心胸去欣赏别人。

"欣赏他人"常常就是一种"社交成熟"的应付。行善是大善，扬善是更大善，扬他人之善大于扬自家之善。扬他人之善，兼行善、扬自家之善，是为完美。一般人，均以自家善美而悦心；仁者不唯悦己之仁，还能够悦"他人之仁"，乐他人之德盛。细微处，自见近仁的机会。

君子以义为利。

# 径程智慧的启示

人的心灵品质无法在静态中被观察，它在一种开放体系下不断展开。

这是一种重要的见解，有了这种真知灼见，你就可以从成见中解脱，并能够从心灵的展开过程中看到感受和认知的交织，看到主观意识的形成过程。这些智慧在翰澜五功中被总结为径程智慧。

一

当你开始策划或者开始进入，或者已经历完了一个过程，你是否注意到事件主人公也是跟着进程在变化的？没有径程智慧的人总是以为存在一个超然事外的"我"。其实"我"是一直在变化的，但你被"我一直是我"迷惑了。

"我就是我"难道不对吗？

你确定你在问什么吗？我告诉你：你不确定。"我就是我"没有错误，而这正是问题的根源。你一直被"我"主导，然而驱动"我"的主程序一直跟随进程在流变，这个"我"的流变是我所不能觉察的。

你当初如何能够体会事后那个"我"所满意的是什么呢？那是基于不同的心思、不同的价值观。你当初也不过是以当时世俗认同的标准投射出了未来可能会满意的模样。时过境迁，连流俗也在改变，你最后的成功可能就是竹篮打水。这就是存天理、灭人欲的秘密，你当初是听不进去的，有径程智慧便能如此行动而不在意与流俗的共识是否一致。

径程智慧还有哪些启示？

当前是怎样的处境，也是当前的"我"的看法。事件进程改变的不仅是事，也是人，也因此改变一切。如果你可以乐观奋进，那么你的未来如何，是由接下去的径程所造。你何必悲观？这就是安贫乐道的道理。

一切圣贤智慧都是真理而非说教。

## 二

本能是什么？很多人并不能够完全讲清楚。为什么讲不清楚？他们只会观察"实在"的属性，而不会从"径程"（形成路径的迭代、学习、适应）去长程理解和接受一个存在。当你对一个所谓的实在的属性、"性格"的认识来自它的形成过程，你就会非常容易理解它。

所谓性格、本能，甚至心理、生理的很多方面，都是全体路径（历史）的"个体传记"的函数。

## 三

所谓径程智慧，就是顺天承命。意思是说策划一个（自己最喜欢的）目标，然后全力以赴，也不一定能成功。尽管策划的时候，你以为你是考虑了"适合"与"可能"。

"径程智慧"的意思是，未来由通向它的过程造就。这个过程展现了变化的主体，同时也在塑造着它，这个主体在过程中也在不断变化，而非固定不变的。这个结果以及过程的特质，就是性命。但不要以为我是在说不要努力、不要目标，目的内嵌在过程中，目的是过程的灵魂，但目的不是指导过程的外在物。

## 四

径程智慧还有一点启示，即不要死盯解决方案。这种执着于寻求解决方案的思维模式的缺陷在于把问题固化了，其实问题也是流变的。很多貌似严峻的难关，只要你放平心思，扛一阵子就过去了。但如果你死盯着威胁，则威胁会一直存在并越来越严重，你的死盯实际上是在助长它。

## 五

"习以为常"之常，"非常道"之常。身边事，身边人，我们都习以为常。有时突然发现，我们居然这么不堪，或者本来竟然如此幸福，或者发现世界竟然这么有趣，我们却心不相应，毁了很多妙趣。

你看到的是清风朗月，我看到的是你心明朗。世间总有善真与恶假。君子所忧者，家国天下、黎民苍生；君子所虑者，道义光明。

## 六

一个人所能讲出的任何真理、名句、经典，你都能够找到可以有力反驳他的经典、名句、真理。

这就是曾经风行的"大专辩论赛"给我的启示。辩论双方的立场是通过抽签获得的，而辩论的胜负取决于两方的逻辑与口齿，或者由评委裁定。辩论的立场跟道义没有任何关系。

口舌凌厉或者赢得舆论，仿佛就占据了社会所崇拜的"道义"制高点，很多律师、精英都是这方面的成功人士，他们所拥有的无非就是这两点功力。

# 信任时间

美丽、幸福、大气的人生有三把雕刻刀：

以义为利——正确看待得失的秘诀。

闻过则喜——登攀的阶梯与机遇。

见贤思齐——攀援而上的扶手。

而嫉妒、怨恨、虚荣是导致人生痛苦、落魄的毒药，让人迷失方向。

## 阅历的拼图

如果如前所说，我们所见的世界便是我们的心灯反射出的图景，此刻的"我"看到的各色人等与情境都是"此心"的一些碎片，那么当你的经历多了，能把阅历组合起来的时候就会发现，眼前任何一人、任何一物的样子都是曾经、此刻、即将或可能成为的自我的投射。

做一些事情，你无法准备充分（除了它足够简单并且你所意欲也足够不细密），你对它的认识也只能在经验的积累中逐渐完善。每一次经验都是碎片的一部分，随着拼图日渐完整，直至跨过了一个临界点后，你对它的了解就会更深刻了。

## "演"和"唤醒"

"君子"的含义无须到经书里去找，真君子就在市井炊烟中。

不欺诈、讲信用、体谅人，这就是君子。再往高处说，"以义为利"就是君子为人的道德功夫，有了势力再能有天下担当，就是所谓"君子三畏"中所畏的那个"大人"。

现在很多人一开口就说"反正我成不了圣贤，君子的标准太高，我就是我"等。

君子就是普通的讲究人，就是"有过勿惮改"的人，就是持续精进、有向上追求的人。做君子有何难？君子坦荡荡，那是因为犯错少，没得罪大众和天理，于是从容简单，无须防卫。

人们无意中总是把君子说成圣贤。圣贤又如何？圣贤也是普通人。人们把门槛抬高，就是要把对话者也纳入他的同流，于是自己的不堪就获得了"正当"的理由。他们所说的正人君子十有八九是伪君子、小人。

现在人们说"社会上到处是骗子"，是在给自己开脱，鲁迅说"中国文人的方法是瞒和骗"则是在唤醒。很多人一生的大部分时间里，都是在"演"着什么度过的。这里边又有两种，一种是兼顾经营观众的，一种是入戏很深的。这两种都是在"演"自我，"演"人生。认认真真、老老实实"活"着的人不是很多。

## 信任时间

一些最伟大、最重要、最深刻而影响久远的事，并非因为它困难、复杂才如此重要，要创造它，让它发生，且它必须发生在一个比较长的时间里。

这话拗口吗？它只能如此表达，你需要放下浮慢之心，仔细体会。

美德无须言语声明，性格无须自我解释，你做的每一件正确的小事都不曾引起人们甚至你自己的注意，更甭说得到赞叹。但当它们连起来，形成一生的轨迹，就不平凡了。

人们总是希望当下就有反馈，对需要坚忍才能出结果的事，则熬不住。

喝太冰的水对身体不利，人们可以不喝；但是对暂时无妨的凉水却忍不住去享受，以致养成习惯之后损害了肠胃。孩子考试成绩不好，家长震怒的很多；对待家人有耐心并形成习惯、让家庭幸福和睦的很少。

信任时间，多做好事，成就一些下慢功夫才能出的成果吧。

# 既能洒脱，又能无所不见

## 一

我跟大家说过，"每一条成语，都蕴涵深远要义"。

比如"熟视无睹"，既是人的一项有益的"认知功能"，也是一种盲目。人们对环境有不同程度的麻木。人们只对变化敏感，容易注意到"违和"，对家人的爱、生活中的许多美好则视为理所应当，似无所谓。人们对既得利益也是无视，除非它可能失去（不可容忍）。大家只看中"欲得"。

既能洒脱，又能无所不见；既能见森林，又能洞察一树一木的微小变化，并且无须费神。

## 二

我所见过的商人有三种：一种是根本不会做生意，一种是做不成大生意，一种是善于做大生意。

靠投机取巧、行贿、舞弊以及不会算账而赚不到钱，这都属于第一种。

第二种商人做不成大生意，一生挣扎在做小生意中而难以突破，精打细算、天天着急，这种商人的思维有一个共性：让生意、机会适应自己的能力、特点。

擅长做大生意的，并不一定只盯着大生意，他只是让自己去适应机会，包括即将到来的机会。这种人，人与生意共同成长，这是第三种。

别小看这第三种人，他们（成功前）的确是不被重视的，他们介绍的经验也不被接受。他们日常不怎么发光，只是因为他们没有以自我中心，也不标榜自我，而只默默聚焦宗旨、机会，踏踏实实。

# 人要活得真实、充实

　　旅游攻略，就跟"让孩子赢在起跑线"的那些策略一样昏庸。制定旅游攻略的内在逻辑是，把旅游定义为成功到达一个一个的目的地，抹杀了路途中的冒险精神，取缔了获得惊喜的希望。为孩子制定成长规划，把人生的意义定义为出人头地，把子女当成了帮助自己实现某种突破的工具。愚昧且自负的父母，凭借手中的权威残酷地取缔了儿童成长的乐趣，消解了朴素的人生意义。

　　我的人生格言是：爱谁谁，爱啥啥，务必活得真实、活得充实。成就很重要，但必须在符合自然和人的天性这一条件下取得。这样的人才是真实善良的，才是有真功夫的。

## 代价

　　人类发展了思考、技术、理论以及各种能力，并因此改变了周遭世界。于是人类生活更方便，人类开始把改变世界当成乐趣，并将其作为人生意义之所在。

　　代价是人类失去了天性中的很多东西。蚂蚁绝对没有人类这种能力，他们一直生活在自然直接给予它们的环境，他们一直在进行着缓慢的自身进化。人类够厉害，却忘记了自己变得这么厉害所付出的代价是什么。人类开始笃信，哪怕在日常、情感方面，只有改变对方，自己才会活得更好。改变自己？人类普遍不信那一套。

## 意义永恒

一个人"知道"生命会有终止，与他意识到生命即将终止，是两种完全不同的状态。怀有一种"意义永恒"的信念与仅仅出于权宜之计做事，也是两种完全不同的境界。

当"即将终止"的意识发动，提示"惭愧""后悔"的警钟就已敲响。当"意义永恒"的信念建立，人就会变得宽和、从容。

南怀瑾先生讲"即生即死，随时在生死"是真实的道理。每行一次善举、每动一个善念，都是一次向善的新生。反之则是向死。

# 提升认知

## 一

　　如今，无论宇宙尺度还是量子尺度的哲学以及"观察到"的现象、出现的奇异，都是由人类认知世界的一切知识、认知机制、心理都是在日常尺度下形成的。领悟到这一点，本身就是一个突破。

　　日常尺度下形成的人类中心意识，在另一个方面也会影响人的智力，特别是在历史的维度上。人们已经觉察到，不同尺度上的思维对因果、对价值观、对情感、对认知、对直觉、对推理判断造成的影响。往往，具备现实思维逻辑的人具有"能臣"素养，具有历史逻辑的人具有"国师"资格，二者齐备之人则可为领袖。

## 二

　　明白历史逻辑，是人生持续幸福的一个条件。很多关键道理展示在一个很长的时间跨度上，于是短视的人、急功近利的人都不能最终成功。

　　面对人类认知的以上两个盲区，极少的智者又发展或者说唤醒了另外一种逻辑，这让他们能洞察形而上的思维。

其实对运动发生影响的，对命运发生影响的，对美丑发生影响的，对很多过程、结果发生影响的因素和规律，都是真实、明确、稳定存在的，然而它们往往被忽视或未被注意到。洞察这些因素和规律并不需要依赖宗教，它们只寄放在信仰中。

# 信息的名与实

## 一

信息作为"实相"的代号，从来不可能是完整、完备的。戏剧是"历史""事件"再现的一种信息，它的"不完备"危害很大，因为戏剧只能是编剧讲的故事。事实上，任何戏剧中的事件都不可能如戏剧中所描述的那样发生，戏剧之所以看起来真实，那都是因为它呼应了观众的偏颇视角。一些所谓的历史，也是历史学家以其视角企图再现的模样。

人们知道读历史、看戏剧，可以省却大把时间而快速增长知识。却很少有人知道，亲身经历与此完全不同。亲身经历一个事件，你从头到尾都不是同一个人，事件中的角色、正在思考事件的人，都在被事件过程改变着。而事件对人的改变与戏剧、读史对人之影响的差异，是具有根本性的。

"人不读书不行"，指的是读书、看戏、读史可以纠正生活视角的偏颇，不是说书本可以代替生活经验。

## 二

再回到开头，"信息是不可能完备"的，因为完备的信息必须包含使用信息的人，因此也就无人可以向他人传递完备的信息。况且，传递的信息又不可能不是传递者"污染"过的信息。

生活中被人坚信的道理，很多都是被证明误差足够小且有效的经验之谈。在日常、视觉距离、立竿见影的范围内总结出来的道理，不需要形而上的妙绝，人们抱持经验之谈，因此见识短、功利性强。

牛顿定律作为经典物理学的定律，其实在量子世界、宇宙尺度也没有失效，倒是人们在观察中对自我使用了"漂移大法"，将自我转移到了进行"客观"观察的主体位置，才导致了经典物理学的局限。

人们误以为，如果能够将古文翻译成白话就算读懂了原意；人们误以为，可以对某种"道理"进行言语表述，就算有得；读了圣人言，你就能"入格""切境"，再现"心机"。

天天听人讲道理、打"鸡血"，可从来少见有人做到"真心实意"。

第三章

虚静参悟

# 悟道是心底贯穿始终的背景

## 一

学生们常常把"道""术"作为一组对立的范畴，但是，一刹那就发生了错误。

发生错误的一刹那前，它的意蕴指的是："悟道"听真，自然天成，无为清净；"持术"求利，注重方法、钻营，逞一己之能，忘乎所以。这是一对范畴。接下去一刹那，大多数人转入行动范畴，就把"道"理解为规律原则，把"术"理解为伎俩、手段，认为学"术"是短视行为。

问题出在哪儿了呢？上一刹那只是正念，下一刹那出现与上一刹那的断裂。事实上绝大多数的人，无法也不能完成这个连接。

正行，应该是：悟道是心底贯穿始终的背景，后续一切手段都应该是"自然天成"，无为而治。"持术"精进必不可少，有一流的"术"功才可能彰显天道。因此"道""术"关系，应该是"术"以贯道，"道"以术显。非道无术，无术焉能奢谈道义。

伎俩、妄欲、设计，不足以术名之。最大的危险是：轻视了"术"功。最愚痴的是：将"道"贬低为"规律""原则"。"道心"才是核心，"道心"便是德行。

# 二

"道可为而不可用。"现今人们把道与术作为对立的两面是没文化的表现。很多人奉之为"道"的战略和原则其实都是术，一切术都是在努力使言行合于大道。战略与战术的关系，无非是术的层级差异，二者都是术。

如果真要问道，首先需要从这句箴言起步，即"道不属知，不属不知"。对道的感悟是君子一生的使命，要过丰满充实积极乐观的一生，就须从脚下的战术中进行道德实践。

# 心不敢真

## 一

喝着大家认为不是古树好茶的台地茶，你敢"好喝"吗？注意我说的是："你敢好喝吗？"

做一份人人看不起的职业（它是最利于发挥你的天赋的），你敢真心投入热爱吗？参加虚荣的聚会（以金钱、权势为杠杆），你敢坦荡从容而无视他们的轻浮吗？去问你的心，你心敢真吗？怕是你"心不敢真"。

## 二

古树茶好喝？这些"天经地义"其实都是人的"价值观"，根本就与天经地义无关。

第一，人们爱吃的、奉为珍宝的很多食品并非对健康有利，至少其价值不是从健康角度来确定的。当然流行的人品崇拜，也很少真正与德行境界相关。

第二，人们所谓的味觉也是"未审先判"的。古树稀少，于是古树茶就得好喝，然后围绕古树茶的味道再确定普洱茶的评价标准。这背后还有"烧包"原则、"炒家"原则、"收藏与嗜好"原则在起作用。这是游戏规则的生成原理。到最后，古树茶也"不得不"一定对健康"特有好处"。

最有意思的是，人们的价值观容易归顺市场，于是有钱人对很多商品尤其是奢侈品垄断了话语权。更有意思的是，人们的味觉甚至也受到流行观念的控制——"贵的确实好喝"。

## 三

"标准"！"可恶的公认标准"。

"古树茶好喝！霸气、回甘，古树茶好喝。"但是好喝与霸气、回甘发生的那一瞬，灌木茶就被否决了。从此我们的味觉就被这个标准左右了，任何普洱茶都必须在这个标准下进行排名了。我们所谓的品评，从来都是一个明白或者隐蔽在心中的标准在做主。

如果你有这样的志气，你胆敢用自己的标准品评大众追捧的对象，你胆敢入其内而体味他，你也许会有不同的发现。

我有很多非主流朋友，小众而非奢侈爱好，不入他流的手艺。

名器、高人、奢侈的生活，这些概念都是用来在俗世中显示地位的；感动、亲切、如暖阳抑或烈日等，那是我所独享的。灌木茶有独属于它的特点，这些特点不能因为不是古树所有的而被忽略。

千里马常有，而伯乐不常有。

## 四

人们把台地茶的特有口感描绘出来，然后再把它定义为低品质的识别特征。一句话，把古树茶和台地茶进行分别，然后再为它们赋予不同的价值内涵，人们的味觉甚至饮茶后茶叶发挥的功效也被预设的观念控制了。

古树底蕴深厚，然而灌木也有青春活泼的特质呀！因为古树茶少且难得，于是古树茶"必须就是好的"。炒家、商家、有钱人，就这样把游戏规则定了。穷人便羡慕不已，跟着唱和，盲目追风。

真是"心不敢真"。

## 五

与其借势凌人，不如"俗中守真"，是为大勇。

如何可以有此大勇？耐住寂寞？非也！有信仰。心中不唯有乌嚷之人群，还有天地、历代贤人，有一颗大心，有天地正义。

# 境　界

莫名喜欢《江雪》这首诗的人，可知自己缘何喜欢？

无论身处市井，还是草原山林，都可得此天地间一人之境。愿在这幽沉的空景中，多停留片刻。

## 一

"千山鸟飞绝，万径人踪灭。孤舟蓑笠翁，独钓寒江雪。"

所绘之景惨淡阴郁，境界寂寥而深邃。

舟中蓑衣里的老翁象征着我们真实的生存状态——天地间只有我一人。雪花飞舞，也许老汉须眉挂雪。他孤单吗？

他不孤单，他并非以屠夫的角色在捕杀江中鱼儿，而是在与鱼儿进行朋友式的对话。钓很多鱼很重要吗？当然不是。因为老汉一人吃不了许多，他只是沉浸在一个独立的世界里，一个属于他和鱼儿的世界。

万径、千山，漫天飞雪，气象宏大而开阔，荒而不凉，只是更加幽沉。这是属于他一个人的世界。

一个在心灵中构建的世界！也许从来没有这样的实景，如果有也只能用心去观，只有你的心才是进入此界唯一的道路。

# 二

人群是逐利而来，熙熙攘攘，热闹繁华表象背后少不了异见纷争。如果心中淡视了利益，人群嘈杂、异见纷争也就立刻消失，万径空蒙随心可见。人鱼对话，浮于江上，凝神定气，其乐何足？境由心造。

独乘孤舟之人，就是作者自己。空境就是他的修为理想，空境不意味着贫乏。空阔开朗，绵延无尽，这展示的是作者的心胸容量。

其实我们的念才是心乱之源，若能在闹市之中修出安闲自在的心灵，岂不是境界？

如果有人认为这是遁世，那就更加幼稚了。世是遁不掉的，而心的清净却是可以修成的。我们谁不渴望片刻的安宁？

# 三

很多庙宇中都有一句名言：得大自在！什么时候你的心能够不赖外物，你就达到了中国文人所向往的理想生存境界。

鱼儿在江中自由生活是历代文人所向往的状态。在寂寥的世界中生存，顺乎自然，既不"揭竿而起"也不随波逐流，鱼儿的世界就是理想。子非鱼，也当知鱼之乐也，与鱼儿独处的意义就大概在此。

立足于世界，安稳生存和求得进步不是件容易的事。智慧与能力不是成功的首要条件，俗世有俗世的标准，在此标准下，不少天才被埋没。于是出世自然也就成了智者的一个选择。香山五老自聚得乐，彼此为鱼，谁能说不比奉事在朝更好呢？李白漂于江湖，四海会友，不也乐哉？

# 这个世界上最基本的真相就是自由

## 一

　　这个世界上最基本的真相是自由。那些自以为可以控制别人自由的人是病态的，那些把自身不自由归因于他人不好或者资源匮乏的人是懦夫。在这个问题上跟你掰扯、看似口舌伶俐的"明白人"，不是什么正经人。

　　这个世界上最基本的真相就是自由。资源、条件，都是通往自由之路的趣味游戏规则，而不是障碍。把它们视为障碍还是趣味的规则，取决于不同的人心。

　　这个世界上最基本的真相是自由，我提出这个观点，一定会有人反驳我。因为他们亲身经历了不自由，了解了获得自由的苛刻条件，他们跟我讨要获得自由的方法。然而，自由的获得不是方法上的事情，你所经历的其实是你自己心灵的命运。

　　自由的人很多，你很难从他们身上学到获得自由的方法，他们多少都有些运气成分。我认为可以从反方向思考，你可以用心研究自由失去的过程。自由是生命中固有的，因此搞明白你是如何失去自由的，比站在当前糟糕的心灵立场探讨如何获得自由更对路子。那些剥夺你自由的人是妄自尊大的，而你配合了他们的傲慢与恶毒。

放眼四周，到处都是牢笼。名望、职业、收入、文化、居所、制度、价格、抵押，既得的、未得的、制度、关系、欲求、"必须的"……都是牢笼并且并非必需的。

你对不自由的证明，实际上证明的是你心灵的糟糕。

## 二

我所说的自由不是"任性的自由"，也不是"法律意义上的自由"，而是道德自由，是精神境界的自由。

道德自由带来的是《庄子·内篇》中所描述的自由。可这世上另一个基本真相是：自由难求。为什么？我们总以为自由在外面，殊不知，自由或不自由，不过在自己的转念间。自由就在你心里，你心里有着一切的种子：一切具足，而我们不知道，也不相信。

这些话说多了，你以为说说而已。圣人是圣人，高山仰止，而我还是那个我。其实，哪有圣人？人性的美与丑，谁都兼有，他可"乘天地之正，而御六气之辩，以游无穷"，你也可以。

在通往快乐的道路上，你不缺分毫的资源和力气。

# 雾景之美与落日之美

望见山间云雾缭绕，不觉自己也有飘飘欲仙之感。

撞上一场日落，就仿佛接受了一场洗礼。闭上眼，华美的乐章仍在上演。不同的美，不同的阅读。最后，这些夺人心魄的美，都化进了阅读者的心里。

## 一

雾景遮住了一些现实的细节，同时也突出了一些细节。如果我们的心里也能随时起雾，那么我们就能关注美的总体而不纠结于鸡毛蒜皮，身边竟处处都是美景！这种心灵的迷雾就是板桥先生的糊涂，它是朴拙大气的。

## 二

落日之美正是来自日头的一次消亡。

任何的美都不是一种可以驻停的状态，任何的"美"都伴随着"美之载体的消失过程"，但这个消亡并不值得惋惜。美并不属于它的载体，也不依从什么，美就是在那个载体上、那个过程中表现涌现出来的，美就是美。载体消亡了，就相当于你把灯关了，然而那幅画的美是不灭的。更深刻的是，处在美中的别无旁骛的那颗心，正在迎接下一个更美的新生。

## 66

丹蕨先生每年都会花一百天左右的时间**流浪**（这个习惯保持了二十五年，最早是分四五次进行，累计五六十天，慢慢地变成每年一次，一次一百多天）。

所谓流浪，就是基本上不带盘缠，一百多天自驾在途，明天去哪里明天才知道！路上修行坚持十个字：日日是好日，人人是好人。一路上总会结识各类有趣的人，经历有趣的事。丹蕨先生一路吃街边摊、住小旅店，遇到好朋友也住豪华酒店、吃大餐。

百日流浪给丹蕨先生带来了多重惊喜：结交朋友、感悟突破、拓展心胸、丰富见识、强健体魄。

99

# 如何正确看待竞争？

## 一

我曾在《伟大的遗嘱》一文中告诫我的孩子：竞争不是人生的意义。"机会"是有限的，比如升学，比如升官，因此零和博弈的观念深入人心。人的成功史似乎就是书写自己输了什么、赢了什么。仿佛人生的价值是由输赢多少来判定的，敢于参与竞争、主动竞争，就成了积极思维的代名词。

但人生不是一场竞局。你无须为自己选择对手，成功也不是一场输赢。人生如果真有敌人，或者有了敌人你才会像弈棋时那般集中精力，从中获得乐趣，那么记住：敌人就是自己。

你想要快乐和幸福，只能向己心求；你若不够快乐，外人和他事也只是你的借口，根源还是在己心。"清凉"的幸福感也只能是"对自己的感觉"。战胜别人得到的是优越感，优越感与幸福的差别在于它不能与人分享。优越感是狭隘的，优越者的慈善也只能是怜悯而非恻隐。深沉的幸福使人不必炫耀，却能照亮身边的所有人。你与幸福的人在一起，你也将是幸福的；你与充满优越感的人在一起，他给你的是压力。

你的人生要想获得成功，最要紧的是把自己的潜力最大地发掘出来，而不是着力于借助机巧把他人比下去。你也许会问：你不把他压下去，他却在挤你怎么办？爸爸练过太极拳，太极的道理最清楚：那些被打出去的是主动发出力的，而那些以柔顺势的高级拳家，你是无论如何奈何不了他的。

在我们把他人假想成为威胁的时候，他人同时成了我们的敌人。任何人都有敌友，但敌人就是这样形成的，是两个巴掌弄出的声响。

你也许还会说，总会有恶人吧？不去抵抗他，他就会危害他人，我们总得有原则吧？你说得对！这就是太极里边发出力气的当头，你应该立即发力把他打出去。但是这不意味着你总是主动去寻找敌人，把与敌人作战当成人生的旋律。有些人失去了对手就失去了目标和意义，那些以赢为意义的人、必须靠斗争生存的人，把目光锁定在对手身上，实际已经失去了自己。把自己最大潜力发掘出来才是我们对待生命应有的态度。

## 二

人类进化途中的确充满部族的搏斗、掠夺和战争，但这并不是人类社会的永恒主题。人类社会的永恒主题是爱，争斗往往发生在部族之间，而爱一般在部族内部涌流。人类进化到今天，我们的地球村其实就是一个部族，大家都处在这一整体的"内部"。历史上内部的任何争斗都是由最高利益迷失造成的。亲善和关怀才是永恒的。

你也许还会说：社会就是人际关系的总和，而成功就是人际中的层次，人与人的交往中怎么会没有竞争呢？有竞争，社会就会分为三六九等。社会学的确也是这样说的，社会学家还有专门的社会分层理论。但是社会学家和经济学家也在反思：我们所有的理论都忽略了一个重要的问题，那就是幸福。因此社会不仅仅是人际关系的总和，还有自然要素的影响。这里所说的"自然要素"并非指物质层面，而是人天然拥有的内在心灵感受，外部关系根本上取决于人的内在。如果你硬要说社会学就是研究人的，那么我就地告诉你，这样的社会学必然导致对人类问题、人类处境的歪曲。

你也许会说，当今成功人物都是在竞争中胜出的优胜者。这只是表面现象，其胜出不是由个人决定的，而是自然选择的结果。自我突破就是成功，杰出的个人就会被选择。如果你非得需要"赢"这个概念，也可以，那就要符合天道，就是与自然（无为）的关系，但绝不是非得超过谁。因为相比你的潜力，任何人都是渺小的。

# 美好、快乐，是何物？

## 一

有点儿累了。于是放倒座椅躺下休息一下，一瞬间眼前出现了一抹绝美的景致。车子前窗上缘一条蓝色的折光区，经过它的折射，天空成了靛蓝色。侧窗外的树叶，在初春和风的吹拂下婆娑作响，我一下子被带到了似梦中才见过的境界。

脑子里立即浮现一个想法：我们要是能生活在这样的天空下该多么好呀！前段时间老家来过一些乡亲，感叹我们的环境"像是天堂"，而我们连同孩子都觉得这实在是过分和夸张，简直是"幽默至极"。然而回到老家，再回来时还是短暂地感觉到快意和舒适。

任何好事，经得多了就平常了；任何好人，处得多了也就不觉值得感谢；任何好景，看得惯了也不觉得美了。我们对现实麻木了，我们所能感受到的不过是更好、更美。快乐于是不再来自对好事物的体验，与好人的相处，而来自不断追求"更好"。所以我们也就不会感到奇怪：为何追求快乐的正当动机，一忽就变成了无休止的贪婪。

## 二

物质激励具有边际递减效应，人们的满足和快乐也是越来越贪的，在迷失了自我的人心中，美好意味着一种向好的变化，满足意味着超越期望的惊喜。表面看来这本没有错，甚至是积极的心理。然而遗忘了当下的心注定无法无止境地获得持续满足。没有当下的未来不过是一个影子，没有未来的当下是一池臭水。

摇起座椅，直起身子，于是天空又变成了本色，但美好的心情依旧留存着，世界是美好的，因为我此时的心情是美好的。马上又要做事了，顺利和顺意是快乐的源泉，然而如果我的计划过贪，我又何能顺意？人算不如天算，我又何能每每计划得周到？

尽人事，听天命——努力做就能获得快乐，心情不受制于结果，专注于所做的事，不执着于结果。这就是一种人生的积极心态。

# 顿悟是一种涌现

我们都有过踟蹰许久，然后灵感忽至的瞬间。

那一刹那到底发生了什么？就像解九连环一样，不知怎么就解开了。想重来一遍可不容易。顿悟、灵感、启示，都求不来。

一

无意识的念头影响着你的行为和思考，潜意识是我们不到的、意识不敢面对的，必须变形才能闪现的意识。但它们都还是意识，按照拉康的解释，它们都服从语言的逻辑。

你练习瑜伽，观息的时候，你会发现无意识中的念头在汹涌着。你的呼吸无法平静，你知道这是无意识在活动，但你却无法将其呈现到意识层面。脑电波也会显示，当我们清醒的时候，我们无意识的念头是如何活跃的。在做瑜伽平衡动作的时候，你也会感觉到影响你平衡的因素来自汹涌的无意识念头。所谓还原入虚，就是通过修炼使你的心静下来，你的气色就会更好，精力就更充沛，动作就更协调。当你评价他人的时候，带出来的情绪也是如此。

而顿悟，不是这样的东西。顿悟在它出现之前，是不存在的。顿悟是一种涌现，是原有的念头、经验、知识在互相碰撞，加上新的情境的酶化，在"自我"暂放的瞬间，涌现（突变、凸现）出来的。

这个涌现不同于一般创意的闪现。创意虽也是涌现，但创意纯粹是念头之间碰撞而出的一个新的观念。它的高明程度、新颖程度以及所包含的创造性都是出色的，但却是不真实的、牵挂于名相的。我所说的顿悟，则是由情境指引的、在天人相合的时刻出现的，伴随着强烈的无须证明的直觉化的感悟。

聪明的点子，不是顿悟。因此我说顿悟是生成的涌现，但不是创造性的，既然是涌现，那么你的记忆、经历、念头、观念、逻辑，都在参与促其成形。因此，顿悟并不是任何人都可以拥有的，顿悟只光顾那些心灵纯净的人，那些平时在口、身、意上都很讲究的人。而自作聪明、爱占小便宜、心怀鬼胎之人，都无法获得。

## 二

"顿悟""启示""灵感"，这些东西无法通过思考直接获得，也不可能来自主观判断，它们的获得就如很多学者、常人所体会到的，是由某个地方向自己传送、宣示、开启的，难以陈述然而"非常明白"的道理。这种智慧、知识就是"你智"。"你智"非常稀罕，我一般只在一种情况下讲"你智"，就是见到人们把"我智"当顿悟、启示而夸夸其谈的时候。

# 此心安处是吾乡

真的有人不快乐。家庭安稳，儿女双全，生意兴隆，周围一帮朋友。可是一点儿也不快乐，凡事提不起精神。

是什么在困扰着我们？

## 一

1994 年去英国，看到那里的生活，我想这里的人肯定半夜睡觉都会乐醒。现在中国很多人远比那时的他们物质生活更优越，但是常常失眠。

## 二

追求物欲快乐的时代结束了。

多少，少多，都是戒功。富而有礼，是子贡德行；安贫乐道，是颜回品性。物欲始于何时？

物欲、节欲、无欲，无始无终，又互为始终。

## 三

对"不如他人，害怕落后"的恐惧左右了几乎所有人的动机，牺牲精神、甘居人后的道德评价也与消除这种恐惧的需求有关。人们某些积极的探索、储蓄，甚至训练也都暗含着对优越感的追求。

但是这种追求本身锁定了我们的心向，使我们迷失了人生真正的意义，丧失了享受快乐的能力。并且人们所追求到的一切，对好奇心、朦胧的诗意、广阔的想象力还造成了直接的摧毁。

于是整个社会对"高尚"不再一味追求和赞美，而是劝慰他人放缓可能领先他人的步伐；人们对诗意的向往，早已变得遥不可及。

人们精明地到淘宝搜索价格，冲抵所接受礼物的心意价值。互联网的普及，也使人们逐渐把"百度一下"作为获取知识的快捷途径。

社会生产力的发达，手中购买力的增长，带来的"易得"性使我们失去了对"物品"的敬爱和联想。

# 四

心安何处？答案简单无比，却是立命的要则。

如今人们对创新狂热追求，对创业拼命鼓励。创新是出于担心自己业务落后、想要领先对手，创业为的是发财，"什么的什么是为了防止不什么"，这些思维最终还是会失败，失败是从失去兴趣、感觉疲惫、渐失意义开始的。

获得恰当的心安才是正道，活出安祥、快乐充实的状态。那么什么才是心安之法呢？就是把心放在使命上，时时刻刻不离本分。这也是所谓的商业的初心。

使命是什么？不管做什么都离不开服务于特定人群、社会，为人类的某些领域做出贡献，在这个方向上君子无所不用其极。如果有明白的使命，并忠诚于它，就会在日常中升起对业务的敬畏，就容易获得意义感，就有恰当不减的热情和不竭的创造力。

本分就是心安之所。安心在使命上，就可以避免迷失在各种使人眼花缭乱的物欲中，也可以逃脱商人们终究在劫难逃的抑郁和"意义匮乏症"。

# 世界的形状

世界的形状，第一眼，一个样；第二眼，一人一个样；第三眼，还是一个样。只是与第一眼相比，我们的视角、观察力和细节的分辨率，后来的"一样"也非起初的"一样"。世界的形状大致有三种。

首先是情感形状。伴随阅历的丰富与经验的增多，人们不难领悟到世界的情感形状，同样的风景、局势带给我们的意义往往有很大不同。儿时的小河、黄绿夹杂的野草以及其间偶露的岩石唤起的感受是独一无二的。

其次是物理形状。令人惊讶的是，物理形状也并不直观，总是显而易见的。即使是经过仔细观察、反复观察的事物，多年后我们还会有不同的发现。对于某些事件，人们持有不同观点和态度，这不难理解；但是就简单的建盏、紫砂而言，专业和业余、新手和老手却能看到不同的东西，这着实令人震撼。

最后是存在本身。我们所见到的，其实早已存在于"知识"之中，或者新发现也早已机缘足备。先说前者，一个人满眼所能见的基本都是熟识的旧世界；后者，如果那个东西不在你"预期"的地方（理解世界存在的模式），你就无法发现它，即使它就在眼前。

人类共享的知识构成了人类共处的世界，人类处于达成共识的"造作"之中，我们所理解的世界就是这样被证实的。

# 墨菲定律的真相

## 一

墨菲定律的真相是什么？先说说它的表达式。

墨菲定律的基本含义是这样的：如果做某件事情的方式有两种以上，其中一种方式将导致灾难，则必定有人会选择这种方式。

墨菲定律的核心在于，如果事情有变坏的可能，不管这种可能性有多小，它总会发生。

这里隐藏着一个秘密，那就是"可能性"是你所注意到的、你所能注意到的，皮亚杰的理论可以推断出这个"注意"对它（可能性）的实现具有"指引"作用。同时，坏的可能性意味着焦虑，而焦虑对所焦虑现象的出现具有"帮助"作用。

## 二

皮亚杰和谢林对可能性的研究不仅是数学问题，更是心理学和哲学问题。概率论虽然"暗中"假设每一次事件之间都存在着人所不能掌控的各种"扰动"的影响，但是它最基本的假设（研究对象）是建立在同一事件会重复发生的基础之上的。

而皮亚杰则发现了当事人（需要运用可能性进行判断的人）的认识水平（他与事件的关系）对可能性的影响。可能性不是一个可以脱离它的参与者、使用者而孤立存在的东西。

谢林教授是诺贝尔奖获得者，他的非合作博弈理论研究，证明了对手对你的策略的理解和他的信念决定他的响应策略，于是你采取的有效的博弈策略当中包含对方的想法（包括认识水平、决策机制）和性格。

## 三

很多事情在发生之后，人们才发觉似乎曾经预感到过，然而事情发生之前却没这个意识。

曾经预感到，意味着"可能世界"的扩展，处于不同境界的人物心中"可能性"的意识空间面积迥异。

可能性与自身境界的关联是皮亚杰的发现，是否可以认为在意识的可能性空间之外发生的就是意外？

"事后的曾经预感"，揭示的是未来的多重可能。你当下的行为以所遵从的心性对它们进行着选择。

## 四

心理学上有"归因""图式"这些词，用以描述人们理解现象的思维模式，我就用"寻手"这个词来描述人们诉诸手段以解决当前问题的心智模式。

人们对"什么是有效的""什么是可能的"的思考，背后所藏的恰是心智自察的时机。人们很容易了解"戾""勇"和"焦虑""豁达"对判断、行动风格、未来结果的"命运性"影响，但还需要再进半步，认识到"这一切都是随着径程展开的"。当手足无措的人们追问"那我现在咋办"的时候，孔子的答语是"有待无求"。

# 听心，心听

## 一

芸芸众生各怀其心，待人接物时却另有造作。但是每个人对世界的心情、对世事的认识、对人的态度又过多受到与人接触时的感觉的影响，这是我们所见世界之虚的一个明证。

通俗一点说，人们获取的关于他人想法的、关于社会的信息，很大程度上是人们造作出来的。人们在与你接触，你被问起之前，人们心中自然的想法其实是另一番样子。俯视社会，众生之心形成的混沌，才是你该了解的。被人问起时，与人接触时，你看到、体会到的不过是因此搅起的漩涡。人们在被问及的时候，回答问题时的心理机制怎么可能是"如实反映问题"呢？回答问题的"思考"对信息进行了再创造。

## 二

奔驰公司要生产 SMART 汽车，事先搞了很多问卷去征集人们对设计的意见。调查的结果是，人们都说这款车的设计很好。但是正式推出后，它的销路却出奇地不好。回过头来再去调查，问他们："你说很好，但你为何不选择购买呢？""设计得好与不好，跟我买与不买没有必然关系，这两者遵循不同的决策标准！"

"圣人无心，以百姓之心为心"，这个百姓之心可不是问出来的。调查并非不可取，关键是对调查数据要研究。调查研究，这个研究的学问就深了。有一本书叫作《选择与预测》，算是不多见的智者之言。

# 纠　缠

## 一

我们与跟我们"有关系"的他人之间存在"纠缠",而我们的"我"体现着的是"纠缠","我"不仅是"纠缠"发生的部分根源,"我"也处在"纠缠"之中。因此,"我"当然做不到理解、觉悟到这个"纠缠"。"我"以为"我可以认识一切",并试图去做,而且"我"一直试图改变与"我"存在着纠缠的二元对立的一切部分。

"博弈"比"游戏"这个词更有科学味儿,人们越来越不知不觉地与生成"自我"有关的、与我纠缠的对象玩起了争输赢的趣味游戏。

我没看到过有谁真正停止过嫌弃、嫌怨,努力或希望要改变与自己纠缠的对象。因为他的"我"没有希望理解纠缠关系中的一方,彻底做不到让对方发生它所期待的变化。

对方一直在变化,"我"当然也没有停止。二者各自独立地变化,并且这种变化又在纠缠中叠加,变化本身也发生纠缠。因此,"自我"呈现了主宰意识和"自我一致"的错觉,绝对无法觉悟到的这一切。

道家的至人告诉天下人,应该放弃这种试图改变外部的努力,孔子跟大家苦口婆心地说了"仁义"，这是"去目的化"而能达成"幸福"的可以接受的一种并不完美然而还能对付的折中方案。

不要指望改变谁和什么，当你意识到这些人和事就是能折射出你自己的形象并且还能自己乱动的镜子，它照出的就是"你"经过乱七八糟折射、反射并被加工过的图像，就会明白这个复杂的图像不是你能通过努力可以改变的对象。

## 二

人的基本性格就是两条："自恋""厌逆"。

你的心和脑都在解释或准备解释一切，这就是我所说的"自恋"。

一切你所"追求的"都是"为了渡过的"，一切"被认定存在的"都只能是"正在消失着"的。当人们聚在一起，或仅仅是想象在一起，那时他们之间就因为"纠缠"而不再可能独立，他们所谓的个体已经成为关系中的个体。

当你有任何不好的感受，便认定他人、他物有错，这就是厌逆。厌逆和自恋构成了世俗人心。相反，接纳、包容就不是厌逆了。

# 风动？幡动？

## 一

风在动，幡自然是因风而动；房子不动而幡在动，自然是因为幡自身缺乏定力。"风"永远在动，你永远不能期待外边的世界静止，因此要自身静，需要靠自己的定力。若随风起舞，那就是自己修炼得不够。于是在另一个意义上还是你在"动"，你所陷入的争论，此时此刻，只让我看到你们的心在动。

## 二

在内、在己，那是自己的心在动。我们需要修炼自己的心，使它像那庙宇一样不会因风而动。

在外、在他人，人心是幡，人心是环境的一部分，人心并不自由。风在动，幡也在动。

因此，把握自己的心是自己修炼的态度，但自己的心也是有局限的。做个俗人，超越俗人。

## 三

众人心是风，而我心非幡。风我是管不了的，我只能做到修心成庙。

庙之稳在于根基，庙之灵在于有僧众聚集。聚集众惠，不仅靠利人之德，还需有望。不惑于众惑，根基在于无欲而有慧。

# 四

再说风幡喻。

心不固，则随风摇。无心，则至固，是为不固之固。

宇之固，缘有定见。此为大贤者，尚不足以称之为圣。

前者风无所捉，后者风不足动。境界不同。

# 瑜伽习练心得

一

刚刚在练瑜伽的时候，在拉伸间突然觉察了伴随着身体感觉出现的情绪，或者准确地说是身体的感觉携带的情绪，或者说感觉本身就内含着情绪。突然明白了，即使在平时，我们的感觉也是混杂着情绪的，只是我们不易察觉。感觉与情绪似乎是连接在一起的，但我们却自动地把它们分开了。

在进一步内观时，我发现头脑中不断冒出来的念头，其实都是与这个情绪的"旋律"一致的，换句话说是梳理这个情绪的性质时钩出来了念头、记忆。

再进一步，我觉察到了这个不被我们察觉的情绪，实际上在暗中控制着我们的思维与行动的模式。如果某人在遭遇某些情景，他的感觉承载的情绪已经在改写着他的知觉，影响着他的判断，促使他做出行动。

同时我也意识到，不同的人在同一个情景下出现的情绪是不同的，因此他的行为、思维模式也是不同的，这便是他的性格基础。当然后来也成了他的命运基础。

# 二

在练习瑜伽的平衡动作时，我有一个发现：导致我们平衡困难的因素并非身体的技巧，而是积极活动着的无意识。

在平衡练习过程中，我不仅可以借助平衡的获得而获得内心的清净，还可以通过平衡的困难间接洞察到内心中的（平时无法发现的）无意识。

# 三

我们知道情绪会写在脸上，但不一定知道做出从容或紧张的表情也可以使心情发生相应变化。人身上包含着很多自己无法破解甚至"故意忽略"的全息关联。

生理上的不适（比如疼痛、恶心、胸闷等）总会加载出消极情绪，情境中的"威胁"感来自进化遗传的"自保禀赋"。

瑜伽训练可以使人觉悟：身体感觉、情境氛围与情绪的"锁定"对应，未必不可改变。

# 领悟老子关键在"玄"

"玄"是一种辩证的逻辑。比如,"民不畏威,则大威至"。何意呢? "民不畏威"与"大威至"是因果关系,在老子看来这是再浅显不过的推理,然而用形式逻辑来推理,理解就会流于浅薄。

一方面,你可以理解为:"民不畏威"对于统御者来讲,这本身就构成"大威",大威就是"起义""造反";另外,你还可以解为:"民不畏威"必将招致"大威"的镇压。不管民是否"畏威","大威"都将至。老子只把话讲到这个地步,不做深讲,因为"道可道,非常道",余蕴需要你自己去品。

讲到修德时,老子提到五个字:"真""余""长""丰""普",也有极深的奥妙。修身德真,修家德余,修乡德长,修国德丰,修天下则普。

换句话说,修身,才能慎独,于是德真;修家,德行才能借物显露出来;修乡(环境),道德行为才能成为同仁间的习惯,并能够保持;修国,崇德向善才能蔚然成风,不断得到传扬;修天下,守德才能成为人类的共识。可见老子对人心、对社会、对天地都能融会贯通。

# 为何我总是与机会擦肩而过?

一

德鲁克的自传名为《旁观者》,如今我理解了"旁观者"并非置身事外,而是处于一种清晰观察的位置。我就像能清晰地看到如云起时的过程、模样,人的机会如何因自己的性格、习气而与自己擦肩而过。尽管在世俗眼里已经成功的人也常常像是烤在火上,他们的习气巧妙地令他避开幸福的轨道。他们避开身边获取幸福的机缘,一个又一个,一次又一次,他们似乎是故意的,否则不会这么精准、适时地避开,而后在别人以为成功的虚幻城堡里苦熬,还要做出我要如何励志的姿势。这种机理、机制,非常清晰、明白,"诚"是人们最难拥有的一种品质。

人们把"相关性"错当"因果关系"的动因,三分之一是由于智力不济,三分之二是由于心理原因。悲哀、脆弱的心理对"防御"的需求不仅很大,而且随着年龄持续增长。去观察社会观点的论战,人们的思维和目的就是要让某个观点成立,而对真理的发现、人格的发展没多少兴趣。

为什么如此固执地需要这个观点?主要还是心理原因。四十岁以上的人,更不容易认为真理、真知代表生命的利益。习气的任性放纵与自我防御的无缝配合，把大家带入"被幸福""被成功"的苦难深渊。就大多数情况而言，读经致愚的效果比开悟的效果更突出。

<h1 style="text-align:center">二</h1>

怎样学习自我突破呢？

把自我客体化，就能够自见自明。"客化"自我，把"自我"放在对象的位置上去观察。

第一个方法：捉住"流淌出来的自我"，对它进行观察、剖析，并立志改变。比如你的发言、你策划的方案、你的观点，这些都是你可用作自察的素材。你能从中看到各种隐藏的假设、关切、欲望、焦虑、逻辑、认知、设想……由它们便可见你的心性。再比照圣贤和道德原则，发现完善自我的机会，立志改变。

更进一步，你的感受也是流淌的自我。很多人被感受驱使，而你能否对感受发生的底层心理有检验或是觉察？不再把感受作为理由行事，而把感受也作为自我批判的机会。

还有第二个学习突破的方法，那就是流淌出来的自我在事局、他人的反馈、事业的处境中的成像。一个完美的领导在事业上、同仁之间关系的处理上、组织管理上的建树就是标尺，比照标尺反思就是实现自我突破的方法。

<h1 style="text-align:center">三</h1>

人心不定，是极为常见的状态。绝大多数人在观看、聆听的时候，其实都没定心地看和听，而只是扫描一下立即就按自己的理解贴了标签，以此作为自己对该事物的"判断"。"判断"既得，于是

开始跟身边其他人各说各话地"交流"各自的"判断"——它们都是通过类似过程得来的。这就是我常说的"乌嚷"。既然"判断"属于主观的东西，那么它的对错便不打紧，但如果有人反对或者不同意自己的观点内心就会不愉快。但毕竟这都是主观臆测的产物，并且大家都需要愉快，因此"乌嚷"的人们都"礼尚往来"，只顾推销自己的观点，而不思考他人的见解。

# 四

你认为"自己是什么"与你认为"某人是什么"，他认为"自己是什么"与他认为"你是什么"，大家认为"什么是什么"与"什么本来是什么"，大家认为"他人是什么"与大家认为"我是什么"，这一切都互相关联着。"客观"是我们主观希望达到的一种理想境界，但终究还是主观的幻影。

我们对某人做的与我们无关的某事、某种行为的看法，终究还是一种态度，尽管它无论如何都是一种形式上的认知。这种态度，来自这个人与我们的关系、互动模式、对待彼此的态度。简单说，我们对一个人的一切的看法，总脱离不开"他在我们心中是谁""他是怎样的人"，这是我们理解他的一切时所使用的底片，而且所谓认知，本质上还是理解事物的模式。

# 二元思维就是"我"执

一

鲜有人明白"故事""认知""情景"都是由个人的内心所塑造的，并且它们都内嵌着情愫，因此你想起什么，以及如何作想，就决定了你的心情。

你以为的"客观实在"实际上都是你心灵的外化，而这决定了你的心情。你的心情"又是"你的命，你的处境，你生活的质量。以不同的心看世界，所见会不同，也会形成不同的记忆。从你所处的状态出发，了解你所处的世界，进而反观自身，达到明心见性。

从事教育多年，我发现：有爱学习的，有假装爱学习的，有大大方方表现出不爱学习的。有真正幸福的，有假装幸福的，有苦恼的，有原本幸福却因为假装苦恼而真正陷入苦恼的……

二

我们已经感受到科技发展不可阻挡，并且理所当然地把它当成进步，当成改善生活的手段，对此从来没有谁质疑过。当手机、电视、旅游、投资出现在草原，牧歌式的草原生活被所谓的进步无情地碾压，当那种城市和准城市生活方式出现在这里，当人们那种好客、毫无防备的待人接物方式迅速地消失，为什么没有人意识到人类原始精神损失产生的文明成本？

那种草原上原始的淳朴无法恢复，古朴的建筑也无法再现。投资商在很多地方投资建设古建筑的赝品，更使人们对真品的渐失毫无察觉？

# 三

赏盏：人们为何偏爱柴烧？为何喜欢古朴？身在山中，哪能说得明白。古人喜欢精致，所以才有那么好的手艺；今人喜欢古朴，是因为如今机器、技术先进，精致的工艺品可以批量生产。古人活着也会喜欢电窑，但古人应该不会喜欢在釉料上弄假。

真正从专业立场出发的标准就两条：第一，结晶过程自然、釉料与胎体采用原矿；第二，只通过作品欣赏手艺，对机器、化学工艺不感兴趣。

# 吃饭与读诗

## 一

一家人团坐在一起吃饭，这样的家庭氛围和谐而愉快。饭菜好吃、有味儿，这样的家就处在幸福的状态。

家庭和睦，是规律饮食的基本保证。饭菜的美味，不只是因为手艺好，更是心灵状态的反映。

诗和数学是通往理想世界的神秘阶梯，数学的美妙，诗的幽美，让人沉浸其中，流连忘返。

好诗不多，好的诗歌不唯要有境界，还需要诗人以自心为桥，让读者能更深切地领会。美妙的音律也是必不可少的。如今有些诗词，完全可由散文替代，我不承认这是诗词。音律本是为了让诗歌读起来朗朗上口，而好的音律能更好地表现境界，虽然到今天，由于读者的变化，我们感受不到当时的音律之美了，然而那份境界不朽。

## 二

艺术作品都是半成品，必须把鉴赏者拉进来，让他们贡献自己的想象，才能最终完成，才能成为完整的艺术品。也就是说凡是艺术，艺术家的创作都必须留白。但是那份留白的填补也不能任由他人随意发挥，它已经被艺术家引导并框定了方向。从这个意义上说，鉴赏者填补留白的过程就是在拆开诗人的礼物——一段心旷神怡之旅。鉴赏者再把这种"参与创作"的美好感受反馈给作品，形成对作品的评价。艺术家本人则是跨越了作品和审美主体进行创作的人。

# 牧　学

## 一

人们往往只记住一两句格言或金句，然后把这些当成收获，时不时在生活中引用一下。很少有人懂得修理自己的"后台程序"，以清理"后台程序"作为进步。

在现场学习的时候，很多人的"后台程序"都得到了一些震颤和梳理，但是学习结束回去以后，就找不着头绪了，只记住几句苍白的话，这样的人很难取得根本性的进步。

我们看到昆虫会突然分散或突然集结，这种行为变化里藏着某一些不能明确用语言表达的、隐藏在背后的规律。

尽管昆虫和人类在某些方面（形状、生理特点、生活条件等）存在差异，而且在外形上，一定与人差别很大，而不是有很多共同点。你能看到的这个差别，是由它们与人的生理结构不同、生活习性不同导致的。

而你看到这些差别的时候，必须知道它们都是生物界和自然界的，它们必然有一个共同的规律，若你能观察到，并条分缕析，这就是拥有智慧的表现。

# 二

我们谈到了牧学带来的快乐，这种快乐是高层次的，为什么能获得这种快乐？

如果没有前面这几天的庄严、沉默，没有人在上面启发你，这么小的一个活动不会让你这么快乐。如果我们平时经常有这种沉敛、庄严，偶尔打打坐，全身心投入工作，并承担责任，那么生活中随时随地的小火花都会点燃喜悦。如果平常毫无收敛，纵情任性，被习气控制，慢慢地就没有快乐了。如果把这个喜悦的原理掌握了，就真正了解了这次牧学课程的设计意图。

但是很多人，确实没有完美地坚持这个规矩，他们也收到了东西，那就是遗憾。一共五天，如果都坚持下来，那一定会有完美的、不一样的感受。我们被习性控制，自己是不知道的。一个已经陷入这种习性的人，是没有能力主动地去改变自己的。

所以这个时候只有反着来，去克制习性让自己不舒服，实际是让被习性控制的心不舒服。这个克制是从戒开始的，戒是让你感觉不方便，但是这个戒所产生的结果，却是自我越来越豁达，生出一个让你满意的自我。

所以，克服习性，克服任性，会塑造出一个让你自己满意的自我。

# 百日流浪，尘心自洗

一

百日流浪，尘心自洗，善恶相依，和光同尘。

有时候，恶战胜了善。只要世界还有生机，它就一定是正反相依、善恶相依的。看上去灿烂和生动的世界，实际是善恶同在的。

当你看到我，夸我或说我善，只是因为我向你呈现了这一面，我一定是有另外一面的。当我的另一面，即恶的一面，真正洗得纯净的时候，我应该是一片寂寥，你是看不到的。所以我现在真正的魅力，以及你对我的看法的改观，应该是来自我在和光同尘上做得越来越好。如果你没有一双睿智的眼睛，就看不到我平常时的高大，你眼中的我会是太随和或随便，没什么特点的。只有睿智的眼睛才能看到一种平凡的伟大。

其实伟大应该存在于平凡里，当我们看到一个人太值得赞美，而且大家都赞美他时，他一定不是"太上"，"太上不知有之"。所以，当我们看到一个更加美好的世界、生动的世界，实际上它一定是善恶相依、美丑相依的。

# 二

百日流浪修炼，大家认为挺高明，其实没那么高明。所谓"日日是好日"，不是说一开始就是好的，中间有个转化过程，而这个转化过程就是修我这颗心的过程。我一开始看人家并不舒服，人家也没给我舒服，但是我在转化。而在这个转化过程中，实际上是在洗自己这颗心，这就是"尘心自洗"。

我跟一位友人说，你今天跟一年以前一样吗？你说不一样。你跟十年以前一样吗？跟十年以前非常不一样。那么我就问你了，你今天有很多不一样，那么你整个路径也有很多不一样，你不同的路径会造就很多今天的不一样的你，这就是修行的开始。

如果你想有一个非常完美的今天，那么回顾你从过去走到今天的路程，你就会意识到变化的存在，而正是这种变化让今天变得完美，这就是修行的过程。

但是很多人的路程是被习性所控制的，很难活出自我。我们必须有稳定，有克制，有觉悟，要摆脱任性，不要自以为是。你才能活出一个崭新的、更光明的现在或者未来。

# 三

人这一生，包括婚姻、职业、所有的生活，都不是平坦的。有些人的婚姻、事业遭遇了挫折，不一定是这个人不好，最顺利的婚姻绝对不是一帆风顺的。

如果你告诉我说"我们从来没红过脸"，这是虚伪的，或者说这婚姻是不善的。只要是好的婚姻，它一定是上升的。要想让它持续上升，必须得过几关，就像一把好刀是不断锻打出来的。

一个人如果在一段时间内一直过得很好，这人也是会发生变化的，如果生活方式变化、时代变化，这时候他必须得转换到另外一个赛道，整个人的心灵就得转换为另外一种模式。而这模式的转变是一个大坎，这个坎兴许你自己也不知道该怎么过。

但是，第一是忍耐，第二是坚持最正确的原则，踏踏实实，最终总会熬过去的。

# 沙粒中的巍峨：百日流浪随感

## 一

在百日流浪途中，我感觉到：我们每个人都是一粒沙子、一滴水，但是我们能够活出高山、大海的感觉。

信仰，其善在念念之真。若只是态度热烈，却不求甚解，则为害大矣！

如果你只是从一个城镇中穿过，你会更容易喜欢它的优点、更容易理解它的不足。如果住下来，大多数人会把注意力锁定在它的不足。"穿行"是一种无所住的心态。

其实当我们觉悟到人生也是一种穿行，亲人也不过是杨绛说的"偶遇"且很快就会告别的旅伴，心胸就会变得更加宽广。

## 二

耳边传来儿童读诗的声音："鹅鹅鹅，曲项向天歌。白毛浮绿水，红掌拨清波。"

忽然觉得，学者们研究的唐音对我来说并不重要，诗自己会说话。

第四章

知行合一

# 圣人是君子人性光谱的一缕

　　当我们谈"神""上帝""圣人""境界"的时候，我们在谈什么？

　　当佛教徒在佛面前合掌叩拜时，他们在拜什么？

　　到底有没有孔子、老子、耶稣基督、释迦牟尼？这问题重要吗？

一

　　钱穆先生认为李聃非老子，《道德经》的作者"老子"应该是道家思想之集大成者的一个代号。同样，《论语》中的微言大义，也可以是万众儒者集思广益的结晶，故而孔子被视为圣人的化身。梅派青衣也不是指具体的某个人，而是所有男性心中美人之理想形象；关公则是借由关羽这个人成为"义"的化身。

　　圣人是君子追求的理想境界；圣人是君子人性光谱的一缕，比信奉孔子、老子、关公更重要的是对圣人、大义、美人的信念，以及对这些信念的追求。

二

　　敬畏之心不是轻易就可以养成的，敬畏是一种心灵与智慧的境界。一个人在对世间万物的理解上总会存在困惑，当困惑处于低级层次的时候他只是感到自己无知。而当他的困惑上升到更高层次，这些困惑就会聚焦到某些重要的观念，此时他需要一些信念来完成对世界的理解。通常这些信念也会随着人境界的提升而变得更加简单和明确，直至这个信念可以诠释你所有的困惑，此时的信念就是信仰。

境界到了可以生出信仰的地步，也即心灵会被信仰所呼唤的境地，敬畏就发生了。敬畏是源自心灵的可被激发的状态，它让人对所敬畏的对象拥有很浓的情感。拥有真正的信仰可以让我们获得心灵的宁静，化解我执。真信仰不是迷信，而是追求天人合一的境界。

# 取象比类

## 一

自古以来哪一位圣人不是"述而不作"的呢？如能有"取类比象"的阅世法眼，就没困惑了。《易经》智慧有三个层次，最高层次就相当于"转识成智"，"取象比类"就是大圆镜智；第二个层次就是"明了因果"；第三个层次最不值一提，就是占筮。最不值一提、最能惑乱人心的就是各种声称"让人获得智慧、幸福"的《易经》课程。

你用惯了的一个手机，跟它有了感情。突然有一天更换了，你取出 SIM 卡把它插到了另一部手机里，你再看这部旧手机，会有什么感受？

住了很久的房子，你在此招待过很多亲朋，每次亲朋到来之前，你都跟家人做好布置，然后大家在此留下很多欢声笑语。突然发生了一些变故，你离开了此地，多年后回到旧地，看着空落落、蜘蛛已经结网的房间，心里有何感受？

一对曾经恩爱的夫妻，后来常常争吵。办完离婚手续，男人望着渐渐远去的前妻背影，心想她此去会幸福吗？遇到有人欺负她，谁来保护她呢？

旧手机、故居房屋、刚刚分手的旧爱，这三种情景可以算作同一种"象"，在《易经》中它们属于同一卦象。

## 二

苦练基本功，勤奋努力，这些非常重要，它们可以让一众俗流、下九流步入二流乃至三流的境界。

小刀客在秒杀大侠之前并不被重视，因为很少有人懂得他们才是超一流的高手。就算你努力探索其中堂奥，也未必能领悟其中点滴。

其实不仅在刀法上，很多领域的奇才，都是因为他们掌握了那个"真谛"的无大机锋。

但谁是神人并不重要，重要的是你能不能理解那个机锋：小刀客秒杀江湖第一高手的那一瞬到底是怎么回事？触不到这个关节就不要多嘴。

## 三

当人们询问哪一种武艺更厉害的时候，首先想到就是安排他们打一场，谁赢了就是谁厉害，这也是公认的标准。几乎没人能够察觉这背后的逻辑错误。

特种兵、保镖在擂台上打不过专业的搏击运动员，但在生活、实战中常常可以轻取他们的性命。这不是因为规则，而是心法。

比赛时是一种心态，而在实际生活中斗智斗勇是另一种心态——时机把握、手段计策、胆量与局势判断等，与参赛时完全不同。就好比在学校中学习成绩优异的人，在后来的生活、工作中不一定有出息。

　　搏击运动员在拳台上一门心思求胜，遵循出拳的套路聚精会神地搏斗。走夜路时或在酒吧遇到贼人，他们使用的毫无章法的各种阴招，完全是另一种套路，对运动员来说是另一种心思考验。心思缜密，是取类比象的修习。

66

每逢重大节日，都会有很多**丹蕨堂-er**

来家过节，就像农民工春运返乡，

大家聚会非常欢乐。

99

# 修齐治平是一条人心

## 一

宇宙、自然和人类的心灵是相互联系的。在儒家思想中，有几个观点给予了我重大的启发。

第一个启发是从《大学》中的"修身、齐家、治国、平天下"得来的。我们通常以为自己是独立的个体，我们以个体的身份存在，要为社会和他人做贡献，以为这就是智慧。很多人在事业上看似成功，取得了很高的职位，但是家庭关系处理得一塌糊涂。如果一个人的家庭生活混乱，他能有多大福分？家庭混乱的人去治理社会，去管理公司，去处理朋友关系，能和谐吗？几乎不可能。其实家庭是我们心灵的另外一层空间，是"个体之心"的延伸，仅此而已。所谓"治国"，并不只是指治理国家，对普通人而言，在社会上的活动和交往、企业的经营都算"治国"的范畴。

大家可以看到，修齐治平完全是一个连续系统，是一条人心，而不是四条人心，也不是人心的外部环境，而是一条完整的人心。如果以为自我就是一个"小"心，还可藏可掩，这是不正确的。从正心诚意到修齐治平，儒家对这颗心有着非常清晰的认知，根本就从来没有那个"小我"存在，那只是虚幻的泡影。所以"为天地立心，为生民立命"，这根本不是空话，儒家的君子修行最终追求的就是一个"大我"，一个完整的"大我"，将个体与社会紧密联系在一起，所有的忠义理念都源于此。这是我要分享的第一点感悟。

第二点，儒家还有更深层次的智慧，即儒家的显学再往上走一步，进入整个宇宙的范畴，认为天地人三才是一体的。如果我们这颗心不能涵容天地，不能了解自然规律和大势，"小"心就会犯错。《易经》把这诠释得很好，而《易经》是儒家最重要的经典之一。在谈到学问时，《易经》有一句重要的话："为学日益，为道日损。"

"为学日益"指我们探求外部世界的知识，知识日渐增加。"为道日损"指我们在追求道的过程中，需要不断地舍弃、放下，让自己的心灵日益纯净。换句话说，我们认真工作，回报社会，保持简单，这就是为学日益。而"为道日损"也包含在其中，减少人为的造作，重新找回我们的初心，就这么简单。

第三点启示是儒学具有宗教性。一谈到宗教，很多人会以为宗教就是烧香拜佛，这些东西在某种程度上有它的意义，但这不是宗教的本质。你会发现，当我们拥有科学的头脑时，我们会变得非常严谨；而如果同时具备了哲学头脑，我们会变得更加深刻和广博。但这仍然不够，心灵与世界之间还有另外一个渠道，这个渠道不是理性，无法用语言表达。这第三种智慧就是艺术，这是人类进化出来的本领，人类天性当中所具备的本领。在理性的背后仍然存在一个感性的渠道来了解世界，我们可以用诗歌、绘画、音乐去表达对世界的理解。

# 二

什么是儒学的基本原则？五常：仁、义、礼、智、信。礼是什么？礼就是我们着力点，践行义、行正道就是礼。这个时候你就会发现，真正行义没你说的那么容易，干正义的事情没那么容易，这是为什么？因为我们经常遇到道德的二律背反。同样的行为，在这个地方是义举，换一个地方就不再是义举。所以，想判断是否为义举，就要有智。保持内外一致、言行一致，练好内外两套功夫。

在谈到儒学修养的时候，还有几件事情。从儒学的宗教性回到我们修炼的日常上，有两个概念非常重要，可以作为自我修养的抓手。

第一就是坦荡。如果你每天怀着一些诸如占便宜的自私的小念头，那么一定会在你的行为中有所暴露，你根本隐藏不住，君子必慎其独也。你的那张脸也会说话，"君子坦荡荡"，你若胸怀磊落，你那张脸就会非常祥和。

第二就是忠恕。己所不欲，勿施于人。站在别人的立场上，揣摩别人期待自己怎么做，以此去对待别人。思忖别人不愿意接受的行为，以此为准则去管理自己对人的态度。

以上就是我个人对儒学、国学的非常肤浅的理解。

# 人的所有方面都可以通过训练变好

在谈到我们的困惑和纠结时，我们常说：我就是这样的人。我们都有一个基础假设：我是我，他是他……人格的底层色彩都是先天涂抹好的。于是，我们把自己困在了心造的模具里。

## 一

一个人的很多方面其实是可以通过训练来改善的。比如身体的健康状况、身材、品德甚至气质，都可以通过持续的努力得到提升。

那些身材、健康状况本来就很好的人，如果天天熬夜、不锻炼、大吃大喝，他们的情况也会变差。那些本来性格开朗的人，如果不求上进，慢慢也会变得难以相处。

有些人张口就说自己是什么样的人，轻易地给自己贴标签，这是没志气的表现。人的状况"好坏"并非绝对的，坚持练习、修养，就能变好。只有在极少数的特定领域才是由先天个性决定的，而人的大多数方面都可以通过训练得到提升。

## 二

很多事物的发展都需要一定的周期，你不坚持到那个周期就不会见到效果。比如锻炼身体，短期内暂时不会有特别大的效果，但三年之后，你将焕然一新。

习惯的养成也是如此，性格对命运的影响同样遵循这一规律。然而还可能出现一种情况：一个周期结束后会涌现出始料不及的结果，如果不懂这个周期给自己的反馈，而一味鼓吹坚持，就会有适得其反的结果。

# 企业家的知行合一

## 一

很多人喜欢谈企业哲学，什么是企业哲学？

两个层面，一是企业一般哲学，一是企业家经营哲学。当我们抛开具体技术细节、过程差异而探讨某项事物的一般规律的时候，我们就是在谈论一般哲学。

这两个层面有何不同？

企业一般哲学，回答的是企业的本质、企业家角色的本质。企业的目的在哲学层面与企业家个人无关，它是由市场、社会、历史阶段决定的。企业家的目的反映在战略中，当企业战略与企业家对企业哲学的理解相一致时，企业的使命宣言就会真诚地体现在战略中，并有效地落实到经营过程中，企业就将继续生存下去。企业使命不是随意的空谈，也不是不明就里的认真瞎说，而应该是企业家基于对市场、社会需求的理解做出的符合历史发展大势的承诺。但能够把它与企业经营战略统一起来的人不多。如果统一得好，就是真诚，就能顺利发展。

企业家经营哲学回答的是对待客户、社会、员工、合伙人的态度问题，也包含衡量企业成败的根本标准和对获得经营成就的因果逻辑信念。

## 二

现实中，从空洞的理想中整理出来的公司使命、价值观，占据七成以上。

基于公司既有战略和文化或因深受现有战略影响而制定的所谓使命、价值观，约占两成。

那些从道德理念出发，力求真心实意却忽略了业务现实，或者未把理念与经营现实联系起来的人，他们写出的使命与价值观约占一成。

少于千分之一（或者更少）的企业，它的使命、价值观与战略、愿景会构成一致性关系。这样的环境才是"做自己喜欢的事""做自己喜欢的事容易成功""事上便可修心"所需要的。

绝大多数高效运营的公司所宣扬的理念都是花言巧语，他们是战略导向的。而战略跟使命一致，那是基业长青的必要条件。不过基业长青太过遥远，人们因为 KPI 而往往顾及不到，大多是"让我负责业绩，基业长青的事交给后人吧"。

## 三

战略与使命的一致性，能让人在经营中感受到充实、踏实、安心和美好。此外还要做到知行合一，这绝不是"道德君子"的热情、理想和空谈所能实现的。如果制定战略和做出战术反应背后那颗心就是做出使命承诺的心，如果从现实战略和运营行为中抽象出来的价值观正是来自使命，那么使命之愿景与战略之目标也就是统一的。

做企业的在会见客户、与朋友喝酒时，总喜欢说"先做人后做生意"，本意就是"使命要与业务战略不二"。我辅导企业家，不会从道德义务出发，讲做企业的"良知"。我是从战略出发，然后回到正人君子的使命。因为我有能力跟企业家们一起去探讨最优秀、最有效、最持久的战略，而那个最出色、最有智慧的战略，必定蕴含着天地间的道义。

把战略之道跟战术腾挪、周旋、进取等具体行为贯通，没有"道"心是不行的。

# 压　力

一

压力很讨厌，尤其来自人际的压力（自尊低下和认同缺乏感）和自我能力的压力（自信缺乏和消极的预感）很快漫延开来，形成一片灰暗的乌云，笼罩在心头。因此有了精神压力，我们做什么事都不会快乐。

但其实，给我们带来麻烦的不是压力，而是我们对待压力的态度。更准确地说是压力唤起了不同的心理机制，经过不同防御机制的处理后，产生不同的反应，进而采取不同行动。

压力唤起了什么呢？两个东西。心理防御机制和行动的扭曲。

心理防御机制又分为几种不同类型：

一种是故意过滤掉对自己不利的信息，企图瞒过自己的意识，从而貌似无虑地行动。但你逃不过潜意识，它将成为梦魇，长此以往，可能使你心智失常；一种是陷入反复的思量，从而致使你丧失积极行动的能力，最终失去改变和把握命运的机会；还有一种是刺激你作出情绪化的反击，结果陷入更糟的境地。

接下来便是行动的扭曲。

采取的第一种行动是调低目标。表面看是在主动适应压力，其实不然，这是一种虚假的理性。上面我说的两种压力其实不是目标过高带来的，而是现实不能满足我们的期望，这是一种"灰心"式的压力。任何退缩都将加重失望和挫败感，所以调低目标意味着你已经选择了退出，这是一种"自残"式的失败。再有一种表现是：用另一项无关的能力向贬低自己的人群证明自己。很多人在某些地方失去信心后，不是努力找回信心，而是故意装作不在乎，同时又去炫耀或发展另一项自己感兴趣或擅长的事情。

其实正面面对压力才是上策，建议有二：

第一，做回自己。找到真正的自己，勇敢地去面对，并充满自信地把自己的本来面貌展示出来。你便会发觉什么都不可怕，甚至失败也不可怕。我们之所以感到恐惧，原来竟是因为我们企图逃避和掩饰自己内心的真实。所以一旦打开自我，就什么都不怕了。

第二，找准弱点，积极提升。面对压力时，大不了暂时退一步，经过努力后再进两步。人们不聪明的地方就是无法忍受暂时的失败，不愿失去既得利益。"步步都要赢"，也是一种心理痼疾。

## 二

如果我们可以通过重复一种劳动，或者在此基础上再附加一些勤劳就可以适应社会发展的节奏需要，那么我们的生活是没有多大压力的。生活压力很大程度上来自：

第一，我们需要主动应付变化的环境，改变我们的劳动内容、质量和对待劳动的态度。这需要的不是行为上的勤劳而是积极的心态。使我们陷入压力的是我们人性中固有的"懒惰"（非行为层面的懒惰），此乃一种拒绝或者懒于积极响应、引领变化的"消极"之态。因此，越是行为上勤劳的人，抱怨也会越多（他觉得不公）；越是心态积极的人，活得越轻松（他觉得活着有趣）。

这第二个来源也是我们人性内部的，那就是我们对待既得利益和既得地位的态度。我们面对生活质量和社会地位的上升表现出期望，对其下降表现出厌恶和难以容忍，难有一颗平常心。

如果我们把人生看作一场需要全情投入的游戏，那么就需要不断适应变化，不断创造积极的变化，并且对一时的得失看得豁达一些，压力就会离我们越来越远。实际上那些压力很大的人，一方面没有主动作出实际努力去克服压力，另一方面他们对得失又看得太重。

# 人非生而知之

## 一

"圣人所言不虚",这是我五十岁之后越来越强的感悟。

那些人们自以为一看就懂、不以为意、过目即忘、看似"随随便便"的圣人话语,实际上是不刊之论,精准切当。内中的真义无法言表,只能用心去体认,且要全神贯注、全心投入地体认,完全入心入神地体认。

有朝一日,当你能够获得"启示"了,那才是真懂了,是比"懂"还懂的进步,就是毫无思考的余地,毫无"意欲"掺杂在其中。千万不要以你的"小知"乱所不知,更不可以你的"无知"乱所当知,那份"虔诚"也是人们口中会说却鲜有体会的心境。

或许圣人自己也不曾亲见过"生而知之"的人,却深信其存在。如今阻碍智慧的力量主要来自两个方面:一是"学"小,一是"自"大。如果一朝顿悟到自己其实没有多少学问,做到虚怀若谷,便已接近豁然开朗的境界。

## 二

"您为何说好学的人寥若晨星?"

人们所谓的学习知识，多数都是把知识作为一种产品，购买后一次性完成安装。很少有人懂得如何获得真知识，真知识在身上运转，意味着你的行为方式、习惯的改变。很多人不懂，真知识的获得必须通过知、思、行的三重历炼。我所见，人们都是在用目的、意图在思考，而不是通过道理。

"您还说所有各行各业杰出人士都必是天才，难道他们是生而知之的？"

不错。所有一流人才，包括一流科学家、艺术家、泥瓦匠、修鞋匠，他们从事他们的事业，必然依靠天赋。不过不要误解我的话，我的意思是不依靠天赋而企图通过方法、教条，无人可以达到一流境界。然而天赋，不是什么神秘、神奇的东西，就是自己内心的声音。

我们做事，如果能够投入真心，愿意刻苦磨炼，就可以激活潜能。如果你能保证做事全心全意，而不是把当前的事作为实现另一个目的的工具，至少不是为了做给别人看而赚面子，就能唤醒天赋。

# 人生非局

## 一

执着于成见，是人们容易犯的错误。佛家讲的"破我执"，就是对僵念来源的化解。然而这种"破"并不究竟，它不过是"主我"对角色"宾我"的把关。而"主我"的功效受到境界的限制，境界不足又可能落入"法执"。

"宾我"代表了人生积极的行动，"主我"代表了人生所达到的境界。任何宗教或哲学流派其实都不是要你弃掉自我，而是主张主我对宾我的超越。宾我注重践行，主我注重意义。一方面，境界与能力是对立统一的；另一方面，二者各自又有很大的发展空间。有了主我的把关，宾我的行动进取就不会成为追求智慧的障碍。

## 二

人们遇到的麻烦往往来自二者的失衡。重宾我者，自视过高，他们境界低劣，注重手段，一切以意志和目的导向，即使成功也不幸福；重主我者，以自己的价值观与法理为傲，饶舌多思却无所行动，属空谈家和卫道士。

智（智慧）、能（践行）一体，其道理在于心、智、手的一体。

我们心智发挥的状态，也就是身心契入行为进程的状况，在行动中理性与情感达到了一致。这也是我们通常说的兴致，缺乏兴致是做不好事情的。如果理性认为正当的事违背了自己的情感，那么它只能成为义务，而要想将工作做得出色离不开兴致。同样，如果出于情感去做的事情背离了理智，那么结局定是被惩罚。

# 三

然而情智一体——也即我一直说的弈棋状态——也有问题。

克服这个问题的障碍，恰恰在于它本身的优越地位——它带来了巨大现实利益。好比文化变革为何困难，人们说是由于习惯，由于人们本能反对变化，这纯属胡扯。文化变革之难的隐性原因在于旧文化的功效，旧文化也曾经是应运而生的，是某些问题的解决方案。如果你发现它对未来发展构成了某些障碍，它适应未来的能力不够，需要提升，也得首先考虑它的现实价值。在新文化中必须使这个价值得到继承而不能落空，正是这个空点隐藏着变革的阻力。

事实上，人们对变化的需求才是本能，比如三餐换样，频繁换手机、换衣服、换工作，变换审美风格，等等。但任何改变都必须是增量变化，阻力来自变革远景中旧的价值轮空。观念改变也不神秘，关键是理由要直观和充分。

沉浸在弈棋状态中，乐此不疲，这就是"专家执着"的本质。做事有了感觉，契入一种状态中，就不易脱离。你看，弈棋状态是一种平衡，是一种身心智慧的状态，但也有问题。问题就在于"局"所固有的局限，主我也被卷进去了，智慧就歇在里边了。

事业是局，任务是局，很多事情都是局，但唯独人生不是。无论宾我投入什么局面中去，主我都得保持清醒的旁观。做具体之事可以投入，但对整个人生还得保持清醒，思考和感悟人生问题时不可设限。这个主我就是信仰，这个超越"局"的规则即是"不道之道"。

# 身心合一，知行合一，言行合一

## 一

"先生，如何可以看见人心、自己的心？"

丹蕨：一个人的观点以及行为中蕴含的认知、情感、逻辑是可见的，明了这三种东西，可以见心。

既然心与所见不异，那么与人接洽时，即使他人不了解自己，自己也不会生气，"人不知而不愠"，唯有"慎独"是正道。

言语是目的面的，心性是动机面的，需要通过不断锤炼思维才能融合二者，若能融合二者，就是做到了"心即理"，那个境界才是"知行合一"。

"先生说过，身心合一、知行合一、言行合一是三种不同境界？"

丹蕨：我把"言行合一"当成纪律，言语谨慎即为其体现。如果出言太快，行动就难以跟上。

身体反应是内心感受的外化。所有的感受都需要身体状态来进行某种表达，如人在紧张的时候会心率加快、血压升高、分泌肾上腺素。

要做到头脑的理解与身体（对当前）的感受保持一致，需要减少造作，减少装腔作势，克服习惯性的无意识伪装。

身心分裂已经成为现代人的通病，要想修复精神、身心合一，有时需要静坐下来听听身体的劝告。

## 二

"知行合一、言行合一呢？刚刚有人说家庭幸福从好好说话开始，先生怎么看？"

先从"行"而有觉开始，行既是心缘也是心体。家庭幸福以好好说话为止境，如果你不给出立马见效的获得幸福的方案就会得罪一批人，但我要让他们失望了。得到幸福真的不容易，它是长期积累的结果，来自日常生活中点点滴滴的爱。认识到幸福来之不易，认识到幸福很珍贵，不会打消人们追求幸福的热情，反倒会使他们以更加真诚的心和更加严肃的态度去追求。

"先生说过，一旦谁的口舌爱上道理，他就即刻站在了道理的对面，从而错失了道理。"

讲道理的"讲"，古人指的是"讲究"，是实践。讲道理不是天天讲对道理的理解，把道理当成可以把握的指导工具。道理讲多了，人就无道了，很多人不明白这个道理。慈善、教育、爱，都是这样的东西，很多人天天讲却并不明白其真义。

做的不讲，讲出来的不真心。道家说"神人无功，圣人无名"，无有功名，但有功绩，这就是道家垂示的道理。

真正能做到的人在人群中能够自我修正、活得洒脱快乐，不忘初心。他也懂得哪些可以说，哪些必须通过行动来呈现，哪些是不能说的。

# 境界不同，难生敬畏

## 一

人们总是在问"'境界'是什么"，其实是在问："应该给境界加个什么形容词？"

不同的人活在不同的境界里，而鲜有人知道这一点。大家都以为生活中我们境界的分别是一眼就能看出来的。

境界的差异太大，并且差异本身也是一件复杂的事情，真是难以道尽。境界差异就相当于计算机系统里中央处理器的级别不同，低级别的人无法理解、无法想象高级别的事情。

智慧、能力等为世俗推崇的标准，根本不是衡量人和人之间境界差异的尺度。

## 二

当人们一眼扫过一幅名画，有几人有足够的境界可以与之产生共鸣；当人们遇到大人物，有几人能够真心生出敬畏，很多人只是表面恭敬，内心不以为意。

高端产品的内涵罕有人懂，多数人只能通过名气和价格来判断其价值。物品如此，人也是如此。

# 三

人们热议的"维度"这个概念，其实要理解不同的"思维空间"而不是不同的"空间思维"的时候，你去比较"欧氏几何""罗氏几何""黎曼几何"，会更有启发。

人和人之间因境界差异太大而无法沟通，更多的原因是大家各自处于不同的封闭空间。

暂不要去评定谁高谁低，重要的是，首先需要明白我们处在彼此矛盾然而各自绝对正确的不同空间。

醒着的你会认为睡梦中的逻辑荒唐，然而熟睡中做梦的你绝对相信梦中的一切。然而判断梦与醒状态的标准是绝对的吗？

生活中，很多争吵就发生在醒着的人和熟睡的人之间。但是只有手握强权的人才是"醒着的"，谁是睡着的、谁是醒着的都由他来判定。

他们只相信自己的经验所能覆盖、想象所能及的事物。至于那些可以扩展他的想象和经验空间的事物，由于信任不足而早就被"否定"了。人们对自己所达不到的境界，通常是予以否定、调侃、贬斥，而不是敬畏。对于这种无知的自信，他们身边的人还会随声附和。

# 儒家纲常之义

一

在中国历史上，儒家经常遭到底层民众的批判，因为它主张的纲常似乎是在维护既有的阶层结构。尽管建构人伦秩序的儒家思想被证明是开明的，但这毕竟不如底层发动的革命更有市场。从古至今，无论宠臣还是后宫新晋的宠妃都是反客为主案件的主角。

今天，以秘书、司机、保姆等身份"逆袭"的案例很多。这些"近臣"很多都有辛酸的经历，使他们不认"苦命"而迁怒给他机会的"主人""老板"。不过，他们能够把特别的殷勤或表演出来的忠诚作为隐忍的资本，兑换成老板对他们的特殊信任，然后利用自己所掌握的老板的隐私或者弱点，慢慢实施逆向控制。

二

儒家纲常是维护社会秩序的基石，但这需要双方尤其是下位者的主动参与。处于上位的一方，需要具有道家"无不为"的智慧。底层很难通过规则而倾向于通过革命来改变处境，这种贼偷思想在社会细部也是深入人性的。不仁不义早已不被当成大恶，人们只在意眼下你是否有钱有势。

这种观点，可能会被视为错误观点，招致正在抱怨命运的人群的反感。这个世界对真相有兴趣的人非常稀少，人们对"对错"的判断标准是：有利于自己的就是对的。

儒家纲常之义，是社会和谐之宝。从担当起步，以业绩证明，以人品立信，这是晋升正道。

# 满嘴道义的"道义"

## 一

学生问:"义者,宜也",何谓也?

现在人们满嘴道理,到处胡说,就是不明白这个道理。义并不容易判断,因此才需要法官、律师。很多事情闹到了打官司的地步,双方一定都觉得自己有理,都觉得自己守法。但法律条文无法让你明了一切,在具体情境下作出判断并不容易。因此还需要智,而这个智又是依于仁,也就是正心诚意。

遵守道义,凭的是良知。这个义可不是满口价值观,然后到处发泄情绪。一个有良知的人,不仅讲道义,还从当下言行产生的结果回过头来检讨自己。

## 二

那么法律系统就是完美的义的实现?

法律是规范道义的文本,法庭是按"游戏规则"断义的地方。这是世俗社会的游戏,也是不可或缺的,甚至是极致的。然而我们所服从的法律系统代表的也只是世俗正义,我们还有比这个更高的信仰:天地良心。就好比一场球赛,一个判罚错了,服从判罚就是游戏中的义。然而获得这一分的一方应该会生出惭愧,这是出于天地之义。

# 囚徒困境

一

建设与发展的道德使命本应是清除贫困，然而，当建设、发展正在逐渐走向彻底摧毁田园精神而令人深陷追求"发达"的陷阱中时，当人们忙碌着不得不忙的事情和无法停歇的工作，贫富与发达的差距刺激着人们，把所有的人卷入了囚徒困境。

消费的道义是幸福感的实现，当消费的升级致力于满足虚荣，区分贵贱、把人拉开差距，把人性弱点当成摇篮，消费的增长以及支持这种消费力的商业和资本就会在不知不觉中异化为积累灾难的邪恶力量。

人的德性、智慧，以及平和的空气，都慢慢葬送在那种成就当中，诗歌被商业弄得失去了灵魂，爱情被廉价的肉欲弄得庸俗，崇高被"土豪"变为戏谑，庄严被贪官所玷污。

二

如今，在衣食无忧之后，你要学会自娱自乐，因为桃花源就藏在世俗价值的阴影后面。商业专家和企业家关注如何用商品有效刺激消费，这是一场没有止境的游戏，却没听谁说消费并非只意味着繁荣，无限度增长的消费正在腐化人性。经济环境是一个全球范围的囚徒困境，它远比气候问题等更为有害。

# 极致是天人合一的至高境界

## 一

有一种人致力于把一件事做到极致，达到出神入化的境界，他的前途便有无数种可能。然而当下更多的是目光短浅的人，只是从"商业模式"入手，脑子里都是"快钱"。艾老师说赚快钱也是可以成功的，只是成功之后这钱丢失得也快，不能长久地留住。

追求极致，不一定是要取得第一名，因为名次也是庸俗的产物，极致是天人合一的至高境界。

一个人的一生中，如果没能（无论哪个领域）达到极致，是一种遗憾。极致，是生命赐予我们的礼物，人人皆有机会在某个领域达到极致。如果因为短视、好虚名、急功近利、懒惰和胆怯等，一辈子没能在某一个领域内有所建树，真可惜了这一生。

## 二

我说"真人为己，人人为名"，却未见有真人。

马斯洛的需求理论其实是把人心分为五层，前四个层次的需求反映了心灵的匮乏，所谓动机即是心力灌注在需求的满足。只有当心灵完全专注于第五个层次——"自我实现"时，才会出现马斯洛所研究的"巅峰体验""巅峰表现"。马斯洛调查、研究了很多案例，包括超一流球员、赛车手等，他们展现出超凡的心智，表现卓越。

这种卓越的超级表现与自我实现的心理状态相对应，被马斯洛称为"唯一健康的心理境界"，也就是西方人常说的"富足心理"。

古本《大学》中所说的"心正""意诚"与"格致"不是次第关系，而是呼应。"诚正"就是真心实意、聚精会神，就是自我实现；格物、致知，即通过深入探究事物的本质来获得知识，最终做到心物不二、身心合一、天人合一。孔夫子说"知之者不如好之者，好之者不如乐之者"，"乐之"就是格物致知后所达之境界，是忘我境界。

# 流浪状态

## 一

过去写字，练的功夫是模仿名家笔法，力求形似。现在落笔，我不再拘泥于形式，而是让心性从笔端自然流露，笔画也自然中看。

过去学琴，是要演奏调调，我完全按照乐谱上的音符演奏，按部就班。如今瞎奏，即兴演奏，每一个音符都是对上一个音符的自然回应。

过去旅游，我都提前做攻略，起码有明确的目的。如今出门是流浪，明天去哪儿明天才晓得。

过去与人交往，我有喜欢的，有不喜欢的。如今无论是遇见喜欢的还是不喜欢的，临别时都成了喜欢的……

流浪给我的最重要的感悟是什么？固守一隅，容易让人囿于主观偏见，心胸狭隘。而流浪他乡，必须客客气气，谦逊有礼，最终达到心胸开阔。

## 二

流浪意味着即时构建关系，你遇见智者而生敬畏，是因为当下的切磋，而下一次的敬畏还需智者的智慧来赢得。没有人可以凭借过去的智慧，永久地赢得他人的佩服。同样，对于曾经给予自己帮助的人能够及时报答，这是仗义的表现。

　　有三种"感激"可以唤醒明智。"感激"的对象可分为无数种，但有三种是最基本的：第一种就是给你带来麻烦的人，他们无意中促使你成长；第二种是给予你帮助、教诲和提醒的人；第三种是给予你温暖的人，让你获得了鼓励，以及亲情、友爱。明白了以上这些，你就能唤醒明智的态度。

# 智慧建立在生命的沧桑之上

## 一

由"学"到"而立"，由"而立"到"不惑"，由"不惑"到
"知天命"，由"知天命"到"耳顺"，由"耳顺"到"不逾矩"。

第一，这个顺序是重要的：学，而立，不惑，知天命，耳顺，
不逾矩。很多人阻于不惑，终生不能达到耳顺，更枉谈不逾矩。这
是一个连续的进程。

第二，这每一步之间都有严密的逻辑关系。

不学无术，如何而立？

没有而立之年的积极进取，如何能过渡到不惑？很多人根本没
有全身心投入实践中过，只是满脑子胡思乱想，如何能达到不惑？
不惑定然来自实践的磨砺。

没有不惑后的进一步实践，反复体悟，哪来的知天命？天命必
然从不惑之后所历的沧桑感悟而来。

没有对天命的感悟，哪来的耳顺？所谓耳顺，实乃"心顺"。不
知天命何来心顺？

耳顺（心顺），才能不逾矩。

第三，伴随这个过程的还有另外的因素，它们使人心渐渐平静

下来。那就是伴随身体的衰弱，精力渐渐不足，人也就开始放下欲望，逐渐开始反躬自省。

## 二

孔子说："吾十有五而志于学，三十而立，四十而不惑，五十而知天命，六十而耳顺，七十而从心所欲不逾矩。"这是一个连续的进程，但人的层次一定是随年龄递增的吗？

不是的。孔夫子这是在说一般人的成长历程，年龄与所达到的层次不是机械对应的。伴随阅历的增长、血气的衰退，人们在磕绊中积累了经验教训，智慧得到自然提升，"自我"得到释放。

了解了这层机制，你就可以找到修炼之途——释放自我是第一道关卡。

## 三

即使是圣人，智慧的进阶也终究得依靠经历。于是那些关于智慧的理论，也只能作为进阶的参照，它们绝不能替代经历。换句话说，大智慧与真理是不可以单纯通过语言植入另一个心灵的。

更进一步说，智慧是无法获得人气的，因为只有"说服力"才能赢得人气。大智慧对心灵的说服力是最强大的，但它在世俗中却是软弱的，因为它的说服过程太长，它需要建立在生命的体验之上。人气是建立在肤浅的浮名上的，智慧则是建立在生命的沧桑之上的。

第五章

# 战略思维

# 人思维所患的病

## 一

在那些被认为靠头脑吃饭的人当中，其实多数靠的是嘴皮子。这些所谓"智者"，思维敏锐、有远见，但是他们把获得远见的过程误解为一个项目管理过程。他们是凭着远见获得客户信任的，因为他们的远见除了出色的直觉还有理性严谨的论证。

然而，客户和这些"智者"远未理解这是一个自然发展的过程，这是任何拔苗助长的行为都无法实现的。远见必须与一些决定命运的基本准则相结合，并在实施过程中不断地应对挑战，才能逐渐帮助我们实现目标。如果不理解这一点，"智者"的帮助必然失败，而失败之后又千篇一律地归因为"客户无能"。那些只会说大话的聪明人和那些轻易许诺成功的人，都只是在耍嘴皮子功夫。

## 二

企业家的思维方式也有常见问题。企业家们貌似无懈可击的归因思维，常常基于"逆否命题与原命题等价"进行思维。也就是说，当他们在 A 命题上遭遇了失败，就会错误地把 A 的逆否命题作为经验。这种错误非常隐蔽，因为其前提就是错的。

我们常常听到有人抱怨，自己做了"好事"之后没有得到预期的回报，就开始对"恶事"进行赞美。当然这种价值观的错误还容易觉察，但如果这种思维方式被用于管理诊断，那么其谬误就不容易被发现。

# 大势的到来是一个自然生长过程

命运、大势、远见，这些磅礴的大词触动人心。

在历史的重要转折点上，我们对这些宏观词汇的感受似乎更加深刻：无论是个人的命运，企业的命运，还是国家甚至全人类的命运。

再也不是遍地黄金的年代了，我们必须对形势的风云变幻保持敏感，在各种夹缝中寻求一线生机。然而，历史上的那些英雄谁不是突破重围才脱颖而出的？回过头看，一切似乎都是必然要发生的；往前看，却又充满了不确定性。

未来可以是可知的，也可以是不可知的。当你屏气凝神、全心投入的时候，身边的一切都可能成为启示。只是，所谓顺其自然，强调的是一种无欲无求的心态。别让固化的知识、理性阻碍了你的直觉和感受。

一

万科和它的同行曾经预料到地产行业终将转型，变得平缓乃至收缩。我要说的是，不仅是地产从业者，也不仅是更泛化的经商者，当他们预料到未来的趋势时，都会在战略上做好准备。但是，纯粹基于理性推断而做出的安排，与深刻理解大势而把这种理解渗透到日常经营中的做法，最后的结果会大不相同。

趋势的必然性尽管可以预测，但是大势的到来却是通过一种自然的发展过程。所谓的理性规划，除了大方向没错外，在实施过程中几乎处处与自然规律不断摩擦，而基于道德的自然经营则能完美地适应这个过程。

真正的远见，不仅仅是知道未来的必然性。真正的远见，是对这一点心知肚明并自然而然地采取行动。一个光明的未来是由包含智慧的德行在日常经营中创造的。我不否认传授知识、方法对一般人的教育的重要性，但对于重要领军人物来说，这是远远不够的，这种差异才是领导力培养的关键所在。

## 二

战略首先把成功置于大势的背景下，领导必须使微末也合于道义。前者是智慧，后者是能力。离开有远见的战略和出色的管理，领导艺术不可能见效。没有深厚的知见和纯正无为的德性，你就无法看清事物，更无法做出正确的反应。对于复杂的问题，杰出的领导者能够举重若轻，化繁为简，从容自若，就是源于他的德性和深厚之识。行业领袖的灵活应变，必须建立在对基础事物的严格把控之上。若脱离了管理基础、战略远见、纯正德性去谈领导艺术，那必是痴人说梦。

## 三

当你全神贯注于你的事业和工作时，你身边发生的一切和遇到的每一个挑战都是启示。你可能并不了解这些启示的原理，也不一定意识得到它们是如何以及何时发生的，你只是在关键时刻巧遇机缘，总是在紧急关头想到解决的办法。

也许你一生中会有颓废的片刻，那个时候你会发现，一旦失去了专注，你就失去了灵感，也与未来疏远了。全神贯注是这一切发生的条件，而爱是聚精会神的前提。

# 科学家没有超越的框框

　　成天听到"破己""超越小我"，听多了也就不当回事了。要做到这些的确不容易：我的欲望、我的挂虑，哪一样舍得放？正因为"小"，所以我们更想将其牢牢攥在手中。

　　置身草原中，城市的痕迹（高楼、高压线、市民心态）都不见，取而代之的是天地的辽阔、牛羊的自在，蝴蝶、苍蝇共享花蜜，林中每一棵树都傲然挺立，江河在兀自流淌。在这样的环境中，哪里还有"我"？"我"不见了。

　　人类自我中心观深植于每个人的基因中。但当我们将镜头无限拉远，自然万物都进入我们的视野中时，那个与草木、牛羊等自然界其他生物无异的"小我"，还值得我们执着什么呢？

## 一

　　如果把地球上所有生命组成的系统视作一个生命综合体的胚胎，那么土壤（地）、阳光、水分、空气就是羊水。而人类的意识、意义以及知识都只是这个"胚胎"中形成的"自我"的附属品。

　　地球至少"暂时"不会崩溃，而人类作为"综合体"中的一个组分，瓦解和再生是再平常不过的事了。人类中心主义的思维是科学家没有尚未超越的框框。我认为，如果人类终会灭亡，那么罪魁就是人类自身。

致使人类灭绝的因素是人类对其他物种、其他生命形式的伤害和霸凌，当一个"生命综合体"（他们有时叫"生态"）当中某一个组成部分彻底占据主导并变得自私自利，这个系统就离重组不远了。

## 二

人类不屑于被视为跟动物相同的存在，总是从道德和生理上寻找优越感和必须优越的理由。但为何我们不去思考一下，动物和人类其实没那么大区别呢？傲慢的人类已经不愿意承认这一点，但这确实是真相。只是要认识到这一点，需要非凡的思维。

当人类把地球当成自己独占的家园，把其他一切生物当成人类的"环境""食物""景观"和"宠物"，人类就已经走上了绝路。技术和文明的发展让人类人口达到七十多亿，地球的生态就已经无法维持。如果你能听懂动物的心声，也许会听到它们对人类的憎恨。

66

这是丹蕨先生的书房，这是一间个人图书馆。

丹蕨先生涉猎的领域极为广泛，书房每年会更新数百册藏书，总体保有近万册藏书，从科学到哲学、艺术以及社会科学，很多里程碑性的著作都在其中。

# 战略是什么？

战略是什么？它不仅是一个定义，一个模型，一个体系。

需要我们深入理解，不能仅仅停留在表面。对于战略，半知半解是不够的，而战略的概念一旦被简化为知识，就失去了其真正意义。

战略是一种思维艺术，战略是一种智慧。就好比一把宝剑代替不了武艺一样，战略的工具和方法成不了战略的智慧。那么战略到底是什么呢？

学者喜欢下定义，智者喜欢悟真谛。因为语言表达不了智慧的奥义，所以我们从战略的启示开始探索。

## 战略思考的问题是发生在三个界面上的

当下与未来的界面。在战略家那里，当下是未来的起点，未来是当下发展的必然结果，即所谓的发展目标。战略家的目标是把握大势，洞察和体悟必然性，而不是基于奢望和主观意图。成熟的战略家知道大势不可违，顺应历史大势就是中庸的智慧。

内部与外部的界面。战略家的组织内部管理智慧受到外部需要的指引。战略家从不会孤立地定义"自我"，他总是把自我看成整个环境的一个有机部分。内部所有活动的价值以及工作最后是否成功是由外部需求决定的。战略家以大势的需求，以竞争的需要定位自己的角色。

对抗界面。战略的核心在于它处理的问题或面对的对象具有不确定性，与对手的互动和博弈是发生在战略微观层面的不可回避的较量，因此战略思维是贯穿整个互动过程的动态的博弈。因此战略不是计划出来的，而是走出来的、碰出来的，但战略思维的精髓是不变的。

因此，回答"战略是什么"这个问题，重要的不是战略的定义，而是首先要领会战略思维的本质。

战略思维的价值在于为未来发展制定策略，要顺大势而非逆潮流。战略家把自己视为历史和现实的一个部件而非历史的主人，他们在与其他部分的关系构建中取得胜利。

## 战略家的具体智慧体现在两个局面的构建上

首先，战略家是要为自己找到一个能够发挥巨大价值的角色，扮演好这个角色就意味着战略的成功。

其次，战略家要在竞争中化解对手同样的企图，并且争取主动。他需要为游戏设定规则，设定规则的人就已经占据了先机。

战略家讲究先机，判定谁把握住了先机，就是看谁掌握了设定规则的权力。只要规则未定，一切就都是悬置的。

## 战略思维的特点：机动灵活

战略家不轻易相信"强"和"弱"的概念，因为战略本身就是提供以弱胜强机会的智慧。殊死对抗是战略家在无法回避的情况下的选择，战略家"做局"就是以"全胜"和"不战而胜""未战先胜"为目标的。

战略家从不因敌人的"无理"而气愤，反而会感到高兴，战略思维是"借势使力"的艺术。

因此，战略家是有远见的人，是面对现实的人，是可以用心去听未来和现实呼唤的人。

也可以这样讲，战略家不是改变历史的人，而是成就历史的人；战略家没有击败谁，而是成全了错误者的失败结局；战略家也不是一下就找到制胜法宝的，他也是在试错过程中成长起来的。

总而言之，战略家是能够悟道、守道的人。

# 战略智商

企业总经理在面对工作挑战时，需要依赖三大核心智力要素：战略智商、领导智商、管理智商。

战略智商是一位成功领导者高瞻远瞩、清晰思考、敢于决断、取得胜利的智力基础。领导智商体现在他集结团队、展现魄力与魅力的能力上；管理智商则体现在他建设、规划和组织方面的实际经验和科学素养。

随着事业的发展，那些有着创业精神的企业主们的管理素养已经取得了大幅度的提高，但接触中我们发现中国企业主的战略智商水准仍有待提升。在帮助企业主提升战略思维能力时，应聚焦于三个问题：公司战略、产品、盈利（商业）模式。考察对这三个问题的整合能力是衡量总经理战略思维成熟度的比较全面有效的途径。

战略思维首先是一种深思熟虑的思想和方法，产品是战略舞台上的首要道具，商业模式则是战略的载体和实现形式。战略绝不是那些写在纸上的计划，也不是那些从商学院学来的分析工具。很多就读过商学院的企业家思维停留在结构分析之上，失去了原有的直觉，这是战略智商的缺陷。

战略能力就像某些人说的"行业感觉"，在领导者的头脑中就是对全盘局势的把握，经验和结构分析可能都是支持这个感觉的要素，但领导者必须有清晰的感觉。这不同于盲目的感觉和异想天开，这是经由理性检验再度回到感性的智慧状态，没有这最后的一跃，领导者就会沦为纸上谈兵的书呆子。

拥有理性分析的能力并不难，而理性分析之后的关键一跃确实需要一些"头脑"，很多人就因缺少这种"头脑"而被挡在了门外。领导者要把这份经过理性检验升华了的感觉转化为组织的战略意图，并最终使其成为组织的战略意志。这将成为统领资源配置、结构安排的指导思想，也将是统一组织外部导向思维与默契行动的基础。

## 战略思维：动态博弈的前瞻智慧

战略首先是解决组织与外部环境关系问题的策略。组织内部一切行动的有效性最终是由外部决定的，组织之所以取得了成功，是因为它顺应了外部的发展趋势和需要，为外部创造了价值。

同时这项工作并非孤立进行的，它还需要竞争。因此，战略还意味着必须面对变化的环境以及随时出现的有创造力的竞争，战略的任务就是指导企业在竞争中取得胜利。这需要动态博弈的前瞻智慧。所谓差异化，其实就是兵家诡道，创新就是战略先手优势，就是出其不意，就是避实击虚的谋略。

很多企业主显然缺乏这个将行业、技术、竞争、组织能力整合在一起的统筹能力，也缺乏动态前瞻的谋划能力，更缺乏进入出奇制胜的创新布局的境界。令人担忧的是，很多企业主仍然处于滞后的反应式思维模式，缺乏系统思维、辩证思维能力，企业战略仍然处于走一步、看一步的水平。

## 产品：用户需求的解决方案

考验经营战略思维的第二个要素就是"产品"。很多企业主是把自己作为产品生产者，而将战略作为拯救自己的后续手段。他们理所当然地作为企业的先天能力，是生产过程的产物，是企业存在的理由。这是严重缺乏战略智慧的思维模式。尤其在竞争激烈的时尚消费品、艺术品、高新技术产品、奢侈品行业，这类产品中蕴含着丰富的精神内涵，这些精神内涵不可能在生产线上被赋予。

当人们最基本的温饱需求得到满足后，在任何消费中都会寄托其精神需求。如果供应商不能充分理解消费者对产品寄予的期望，那么产品的革新就无法对接消费者的深度需求，经营者对产品的理解是能够显示其战略思维水平的。产品是一种满足消费者的方案，更准确地说，产品的设计理念本质上来自消费者的需求，是消费者设计了产品。成功的企业产品设计师能够深入消费者的内心，他站在了消费者角度思考，他甚至比消费者更了解他们自己。

产品究竟要解决消费者的哪些问题？产品中承载着怎样的内涵？对这些问题的思考和解答推动着我们去创新。人们将"客户是上帝"理解为"服务好客户"，这是一种低级的误解。正确的解释是，成功的企业仔细揣摩客户的心思，然后设计出使其心满意足的产品，过度关注并局限于竞争对手的技术进步和生产能力是盲目的。

## 商业模式：战略的显化

考验战略的第三个要素是盈利模式，也可叫作商业模式。企业家的战略头脑必须展现在对企业创造价值过程的理解，企业中的任何环节都伴随着成本与费用的产生，但并非所有环节都能直接创造价值。那些不直接创造价值的环节不仅影响效率，更暴露了总经理战略思维水平低下的现实。

企业家必须认识到的首条企业哲学原则就是：企业不是为自身而存在的，而是为了需求而存在。客户的需求不是一种简单的消费需要，而暗含着比较。面对这种比较，只有相对优势才能为我们的产品赋予意义。

商业模式就是战略思想的具体体现。在这个模式下，产品完成了它价值创造的全过程：在生产阶段，确保了产品技术性、可靠性；在营销与品牌建设方面，塑造了产品所针对的特定客户群体的精神价值（设计、形象、价值观）；在客户服务方面，进一步巩固了价值输出并提供了保障。企业生产的整个过程，无论直接或间接，事实上都参与了最终价值的创造。

在睿智的战略家眼里，企业的使命和战略目标是高于企业实体的，企业的一切运行过程都是实现其战略意图、服务其使命的手段。企业的组织结构、资源配置、运营流程、各环节关注的标准都是出于战略的胜利和企业持续优势的发展。商业模式不可能脱离战略存在，它是战略实现的物理形式。有战略智慧的运营模式是个全息的模型，到处都有客户需求的身影，处处都有对竞争的攻击。

总经理作为操盘手，商业模式就好比他的赛车，提供各项他所需要的性能，战略就是他选择的比赛策略，产品就是他取得的成绩。在战略家眼中，企业不是在产品销售出去之后才胜利的，而应当是在决策者作出正确的生产决策的那一刻就注定了胜局。未战先胜，这不是时间顺序问题而是思维顺序问题。

# 因果关系与相关性

## 一

　　特征与特质之间的关系并不神秘，这个关系的生成机制一定存在于与此特质相关的系统中。在这个系统中，特征起到了联结和反射的作用。特征与特质之间的关系不是直接的因果关系，它们只是具有相关性而已。要洞察复杂的因果关系，必须着眼于更大的系统。

## 二

　　要一窥因果关系的机妙，需要极强的洞察力，不同的逻辑体系本质上都是在尝试诠释它，并且在彼此否定中深化人们以为自己已经弄清楚了的因果关系。因果关系本质上与观察者、过程干预者的立场有关，这个事实早已超越了常人智慧所能企及的高深程度。

　　因果关系也涉及与"心"纠缠，这是一种非凡的洞见，然而仍然算不得终极智慧。因为因果关系是随着对象过程的展开而发展的，并且"心"作为变化着的观察和领悟主体，所以因果关系本身就是一种处在动态发展中的事实而非静态事实。换句话说，因果关系与"心"所存在的纠缠表明，因果关系并非某个时点上的智慧，而是向不断变化的心智敞开的，这是一种通过回顾性的归纳得出的观点。

领导艺术、战略思维艺术、情爱的艺术、生活快乐的艺术，都深蕴着这种关系的动态真相。

# 三

人们错把"相关性"当作"因果关系"的动因，小部分原因是智力不济，而大部分原因是心理因素。脆弱的心理对"防御"的需求不仅很大，而且随年龄的增长而持续增长。当我们去观察人们的观点之争，会发现人们的目的就是要让某个观点成立，而对真理的发现、人格发展则没多少兴趣。

为什么人们如此固执地坚持自己的观点？主要还是心理原因。很少有人能真正明白，真理、真知才能为生命带来最大的利益。已成习惯的任性放纵与自我防御"完美"配合，把大家带到了"被幸福、被成功"的苦难深渊中。

思考力也是十分珍贵的，因为比较罕见。理解力是基于见识的，然后就是对相关性的洞察、对因果关系的提炼。但由于人们以思考力的平均水平作为正常的标准，于是人们思考力欠缺的真相就被忽略了。

# 装可乐的易拉罐为何不值钱?

## 一

装可乐的易拉罐为什么不值钱?人们可能以为,是量大使成本低了下来,于是它就不值钱了。其实还有另外一个原因。再精致的易拉罐,如果被确定了其功能是包装不值钱的可口可乐,那么它被认可的价值只有几毛钱。

也就是说,易拉罐之所以不值钱,是由于这两个因素加在了一起。

## 二

"价值是由市场决定的",这是一种普遍存在的误解。公司董事会追求的企业价值,通常是指股票市值,这也是对企业价值的一种误解。股价之所以重要,是因为它反映了再融资的功能,但很多专家老板都忽视了这一点。上市公司被捆绑了,它的发展变得透明了,它的成长太过依赖于人们对股价的期待:期待→兑现;发展→融资依赖;股价下滑→经理撤换、再融资困难、战略受困、股价崩溃。所以,上市未必吉祥。

上市公司突破资金瓶颈后,接下去的发展面临三条道路:一是君子还钱(回购股票或者回购核心资源)退市;二是卖掉企业,留个烂摊子给小股东；三是老鼠尾巴绑个火炬，拼命奔跑直至最终累死或者烧死。

价值由两大要素决定：第一是功能，它决定了价值的高低；第二是稀缺性。

功能，是指能够驱动人们创新、以新的方式满足最重要的需求。这个需求本身的重要性就是杠杆，即使它有一点点改进都能带来巨大价值。稀缺性，就是独特的竞争优势，主要体现在绝活（特殊技能）、领先市场的能力和撇脂定价的能力。

也许你会问，温州生产打火机的为何也很有钱？打火机本身便宜，但是这个老板作为企业的经营者，他提供的个人价值是重要与稀缺的。他如果生产或加工价值更高的物品（比如钻石）也许会更有钱，但也许正是这个便宜的（打火机）给他提供了一个机遇。这里讨论的是人的身价，个人在组织中的地位和身份以及他的经营能力，这些构成了其稀缺性。老板相当于可乐，杰出的工人相当于易拉罐。如果他们做的是钻石生意，这个"易拉罐"就成了工艺品。

# 来自技击搏斗的启示

## 速度和力量

速度和力量是两回事。物理学中的力，是物体对它所承受的阻力、压力或冲击力的抵抗。事实上真正的力是在时间的流动中作用在对象上的冲量，导致对象动量的改变。例如，你出拳把对手打飞，这是冲量的表现。而速度提供的力，如果不计时间的影响，迅速收回，那就是刺拳。刺拳一方面可以对对手的敏感部位，如眼睛、脖颈、喉咙和软肋形成打击；另一方面，它主要用于战术行动，通常为重拳创造机会。

刺拳和重拳的交替使用，须见机行事，比组合拳难，但也更实用。这涉及脚步、拳法组合、腿法，以及反应、胆量、力量的运用，剩下的就交给运气了。

## 空档

技击不仅需要身体素质，还要靠脑子。

击倒对手，多数情况都是迎着对手的进攻，这时自己的力量特别大。论出手时机，一是对方出手刹那到第二手未出的空档，但抓住这个空档需要极其敏锐的反应和出色的身体素质。这时需要的功夫就是，在各种姿势下都能发动攻击。在平时的训练中，要练习各种姿势的搏斗技巧，包括直勾摆、前后上下肘击、不同方向的蹬踢踹、缠拿等。总之，机会是留给具备打击能力之人的。如果你总是需要调整姿势才能发力，那你就成了人家的靶子。

二是通过进攻引起对方格挡，然后在连续进攻中制造空档。一般在直拳之后，对方都会留下空档，给勾拳或摆拳、腿攻进攻提供机会。由于激烈对抗中无暇思考，所以平时组合拳的训练非常重要。不过这一切都是纸上谈兵，实战中重要的还是抗击打能力，以及胆量、勇猛和机智。但这依然不是最重要的，最重要的是：遇事冷静、忍耐，以及要见义勇为。

# 启示

1. 实力真不好说，战前无法预测胜负，当然这也是必须过手的原因。

2. 很多实力相当的对手，胜负具有偶然性，这也是很多人选择再战的原因。

3. 在实力相当的选手搏斗中，心理劣势是致败的关键因素。

4. 确实有人技高一筹，但这只有在反复对抗所取得的胜负中才能看得出来。

5. 被彻底打服之前，落败的一方总以为要么是自己没小心，要么就是对手太狡猾。

在学术研究和修行中也是如此，很多技艺都是如此，只有超一流的人才能明白微妙差距的来源。三流以下的人，尤其那些嘴上不服、喜欢争辩的人，其实他们心中也不清楚自己不入流。

高手服输不服弱，输了就是技不如人，但是这正是提升的机会。回去苦练，然后再来。向对手学习，最能知自己的不足。

# 格斗精义

格斗有三点精义。

第一是进攻精义。制造并利用对方注意力盲区，利用对方的漏洞来攻击他。对方挥拳、出腿的瞬间就是破绽出现的时刻，身体的惯性、角度、平衡，都给你提供了机会，不要耽于防守而错失最佳进攻机会。所有灵活性的训练都是为了抓住这一刻。

第二是防守精义。过度防守是致败的主因，什么是恰当的防守？主要是保护自己的漏洞不让对方抓住，而把对方的进攻作为反击的最佳时机。我这里说的是"意识"，必须让这种意识主导你，你的漏洞出现在自己出拳、踢腿的时刻，因此应该练习无意识反应：一旦击中就自动连续进攻；一旦落空或者你的打击被对方防住，就下意识地在出拳后几乎无缝地转入躲闪。这就是为何泰森能如此迅速地躲闪，因为他的进攻和躲闪是连续的。

第三点精义是要练习多种打击手段。打击手段越多，对方的漏洞就越多。当你的打击手段特别多时，对方随时都会有漏洞。要在各个方向都能打击，从各种角度、用各种姿势都能打击，即使在失去平衡的时候也有手段去应对。

# 把握时机

网上流行说功夫"唯快不破"，强调速度的重要性。但这不是根本，根本在于把握时机。猫的速度并不太快，只是它能够拿捏蛇的空档。在拳击比赛中，双方在前几回合可能表现沉闷，而到了第六回合之后的搏击就会很猛烈，一方被击倒大多数是由于低级错误，如疏于防守，被对手抓住了注意力涣散的空档。

速度的训练极为重要，但要拿捏时机还需要身法腾挪转换的自如，并且无论如何转换都还能够有特别多（方案）的训练储备，这样才能在关键时刻抓住对方的漏洞出招。

在技击中，力量永远是不可忽略的要素，不仅快速攻击需要力量，更重要的是当对手被快速闪击击中之后，你必须趁机发雷霆之力，以泰山压顶的态势结束搏斗，这时力量是第一位的。捕捉到机会之后，给出一记重击便可结束战斗。

# 遭遇瓶颈后的表演模式

## 一

当企业家在领导力、战略思维或管控模式遭遇瓶颈的时候，有些人就会进入表演模式。他可能会扮演一位政治领袖、传说中的圣者或者魔头；也有些感到管控力匮乏的企业家，在激情的驱使下，就开始创造理论。后者企图通过贩卖理论找回控制力，在他们状态最好的时候，他们会沉浸到具体的业务经营中，表现出谦虚、低调和忘我。

那些真正伟大的人物，还常常略显羞涩，甚至外表看上去有些单纯、天真。人们耳熟能详的政治家、历史人物所拥有的宏伟气度，很多都是被渲染出来的，并不完全真实。真实的伟人，都是谦虚、低调、务实的，且都有一点害羞。一旦他们开始创立理论或者忍不住振臂高呼，他们就开始走下坡路。

## 二

不要总把目光聚焦于"问题"，拥有发现问题、解决问题的能力确实能赢得威信，但这还不是一流的境界。

"问题"未必就是发展的瓶颈，"问题"更多情形下都是时局变化的结果，只要时局变了，问题自然就消失了。所以，一等一的本领是首先判断所谓"问题"是否真的是前进的瓶颈，其次是不要太过敏感和追求当前时局下的完美。要把精力放在大势的发展上，时局发展了，那个属于旧时局下的"问题"也就消失了。

能够领悟到所谓"问题"是如何从时局中产生的，也是一种必需的洞察力。某些智者所批评的完美主义，指的其实是貌似精明能干实际缺乏大智若愚境界的做法。无论是在家庭关系、竞争关系中，还是在工作过程中，眼睛都要往前看，不要死盯着所谓的"问题"。

# 三

无论是在身体锻炼还是道德修养上，抑或是在书法艺术等方面，在一段时间的突飞猛进之后就会遭遇一个瓶颈。这个瓶颈不仅仅是进步的障碍，它还内含一股力量，会消磨你的热情，让你放弃、堕落、变得苟且。这个不同寻常的瓶颈就像"鬼窟"。

做事遇到阻力时，"排除障碍然后继续前进"是人们达成的共识，听着也很励志。然而这并不高明，因为真正阻碍我们取得突破的阻力来自我们正在做着的事情，我们通常无法把阻力从这件事当中离析出来，我们需要坚忍，在事件的发展中超越这些障碍（随着事情的进展，内嵌的困难就自然消解）。明白这个道理的人是"上人"。

# "极俗"与"神准"

## 一

市场是什么？其中有"极俗""神准"两个元素以一种难以言喻的方式交织在一起。市场观点（作为一种大数据）中也势必包含了芸芸众生不能理解或意识不到的玄机。

市场可能极力推崇某个事物、人物或观念，背后必有玄机，这个玄机不一定就是支持它的理由。同样，市场极力压制、贬低的，也同样隐藏着个体不一定能够识别、意识到的秘密。市场忽视了的，也往往正为奇人、能者提供了机遇。

市场重视、反对、忽视某个事物或某个人的深层原因才是我所关注的，而这个事物或人本身对我们不重要。某种程度上，这也是我自己的洞察取向。

## 二

道德价值是无法衡量的，也不可交易，于是它不被世人看重。

买不来也卖不出的，他们既不愿意去创造，也不愿意珍惜。

"价值"是使人困惑的一大谜团，人们以某个事物的"价"来决定爱惜它的程度，"价"是交易的尺度，是大家皆欲得之的。

　　人们辜负了很多无价的东西，很多宝贵的东西在普通人眼里可能不值一文。真正有价值之物，不管他人如何看待，而你能够珍惜它，这便是你的功夫。

# 武术套路的功与过

　　武术套路把各家各门派的攻防技术和不可或缺的基本功有机地编排在一起，非常有艺术性，让徒弟们饶有兴致地练习，悉数掌握。师父传授的时候，不仅指导动作练习，也启发徒弟，让其明白本家功夫背后的攻防哲学以及做人的道理。

　　然而在现实中却本末倒置，人们的注意力聚焦在套路的美感上，心思放在了武术的审美价值上。满嘴"武德"，满脑子都是哗众取宠，真正的武术精神早已在心中荡然无存。在讲究套路的比赛中，冠军虽然赢得了金牌，但一面临实战就容易被对手打败。

　　综合格斗的选手公然看不起传武高手，而传武"大师"也不敢应战。但这绝不是因为传武不行，而是因为传武走入了歧途。

　　传统武术，每个门派从表面看有不同的攻防战略，但其背后都有丰富的攻防哲学与技术手段。可惜，如今培养出来的都是各种表演明星，而很少有能够瞬间制敌的高手。

# 完全不同的游戏

## 一

战略的关键在乎把握先机，而把握先机的关键不在于战术，先机是谋定大势的妙手。表面上的过招都不是真相，真相在于，一来一往之间，居然可以创造出完全不同的游戏、完全不同的局面和完全不同的结局。

嘴上常常挂着战略的人中，没几个真的懂战略，他们大都是在形势已成之后才进行拼命的搏斗。

"大国崛起必有一战"，这话不仅仅是一种"决策"或者"政治观点"，其背后的"隐机"复杂且渐充分。趋势正在积累，其必然性超出了理性和常规思维所能理解的范围。

"文明的冲突不可避免成为主要矛盾"，这曾经引起热议、恐惧、担忧和激烈批评的观点，正在渐渐地成为一种现实。

## 二

历史是一出大戏，或许需要几十年才能看清一件大事的意义，几百年才能显示出一条道理，近千年才能揭示一种文化的命运。

历史中的各种人、各种事、各段历程，似乎都是无厘头的，这些无厘头的事纠结在一起，很多人看不出它们的意义。只有拥有历史眼光的人能看明白：所有这一切看似混沌不堪，其实是在自然规律支配下实现历史终局的必要条件。

"知行合一"就是"转识成智"。"所知"可以超越"所能"，对象化的"知"可以跨越格位，以"他智"收存。

人与人的缘分是很浅的，能有很多朋友的人都是极品，能有故交旧友的人也是极品。

很多人自诩孤僻、清高，朋友很少、交友不能长久。他们以为都是别人的问题，其实是自己就是问题。

一般来说，人越是孤僻，越是自大；越是得势，越是愚昧。

# 解　构

## 一

穷人认为自己缺钱是他们持续贫穷的根源，富人心里明白他其实一直从未真正拥有过自己名下的财富。不缺钱的与真有钱的，才真正过着"踏实"充实的日子。他们也不怎么被公认为有智慧，他们只是被发现不糊涂。他们从容、简单、自信，有时率性天真。

出生、成长在富裕家庭的孩子，一生从未为金钱焦虑，而在他们那里，金钱发挥的也不是它最主要的作用——被花销。金钱的存在只是一个压舱石，镇住了他的焦虑。普通人一生为金钱忙碌、焦虑，因为他想象中的困境都与缺钱有关。

## 二

智慧也是如此，它让有智慧的人活得从容、自在、简单，但智慧也常常没有被使用（伎俩、手段），它只是关闭了愚痴运作的程序并平息了很多没必要的躁动。

其实你所缺少的很多东西你并不真正需要，你看似所拥有的其实并未真正拥有。良好的心态、宏大的气概、坚定的信念、良好的声誉、内在的德性、一贯坚持的磊落以及由此构筑起来的人际关系，才是发挥关键作用的东西。

人们多听不进去这种话，他们焦虑着的是他们的焦虑。他们不明白永远存在着一种踏实，可以化解苦厄。这种踏实并非通过拥有什么东西（比如金钱）而让自己过得顺利获得的，避免苦厄的发生便可获得这种踏实。

## 三

人们愿意为生产材料付钱，也愿意为有市场的产品的生产装备付钱，但不太愿意为获得更好的知识思维付钱。这就是"慢"在作怪。

大多数的人们只有在感觉到"赚了"或者觉得机会稀缺（担心错过就会发生机会成本）的时候才会果断购买。为了需要、为了发展（成长）而产生的购买行为，常常都很勉强。

人们对理想的真实态度，是假装很努力然后去撞大运。任何真正的成功都必须经历心性的磨砺，人们的防御心理和自我维护（合理化）的本能岂肯容忍。

# 时间的楼宇

阿根廷的后现代主义作家博尔赫斯曾经写过一篇名为《小径分岔的花园》的小说。在这部作品中，花园的象征意味十分明显，它的无数条小径象征时间的多维性，小径的分岔指的是时间而非空间的分岔，即众多可能性的并存导致不同的将来和结局。

的确，时间并非静止不变的，而是如同流水般不断变化的。人的心智若是不能与时偕行，适应变化，那么遇事时必乱方寸，最终迷失在时间的丛林中。

那么，我们该如何破局，进而从容前行呢？

## 纸上谈兵，为何不成？

仵君：我辅导过一家企业，该企业曾经效益很好，后来经营出现滑坡，老板十分焦虑，虽经做了各种努力，却难以扭转局面。经过调研，我惊奇地发现问题的根源并不复杂，该企业产品的SKU（最小存货单位）过多，真正产生效益的产品只占20%，而因其他近80%效益不高甚至没有效益的产品，导致生产、库存、销售等出现一系列的问题。后来他们砍掉了近三分之二的产品，降本增效的成果非常明显，企业也迅速走上正常发展轨道。

后来，我跟该老板交流的时候，他疑惑道："二八原则"这样简单的道理，自己似乎早就明白啊，为什么在实际工作中，就完全用不出来呢？

丹蕤：这种聪明人干糊涂事的情形，并非个案。现在我们国家的教育条件很好，很多人都读了大学，读了硕士、博士，其中不乏企业管理、市场营销的高材生。但是具备了这些知识就能把企业做好、把销售做好吗？

古代赵括纸上谈兵最终导致一败涂地的故事，就是一个反例。其实，不夸张地讲，如果你真的能够熟练运用高中数学的思维，就足以在商场上纵横了。可是，自己似乎挺明白的事情，却做不了。

又比如，一个会下围棋的人，他所掌握的博弈思维，足可以应对大型企业之间的博弈，可是现实却并非如此。那我问你：掌握了弈棋思维、数学解题思维，却不能在实践中应对企业之间的博弈，不能纵横商场，这是为何？

仵君：因为现实的场景更加复杂？因为个人非理性情绪的干扰？还是因为贪念、无明蒙蔽了心智？

丹蕤：这些原因都有。然而，在这些原因的背后，还有一个常人尚未觉知的秘密。这个秘密就是，我们平常的计划执行，依托的是二维的、平面的思维模式，而现实的情形却是三维的、立体的结构。学习理论时，我们所学到的知识、我们的逻辑能力被压成了平面。

古人讲，纸上得来终觉浅，绝知此事要躬行。躬行，就是亲身、深入地实践。实践就像做了一个提拉的动作，像拉手风琴一样，这个平面就被纵向拉起来了，一旦拉起来，它就立在了这里。靠什么立起来呢？时间！打个比方，你看楼宇的平面图，楼宇有不同的空间节点。如果把这些节点拉成立轴，大楼就立起来了，而这些立轴就是时间。

以企业的生产经营为例，在生产经营的过程中，我们所有动作的响应都存在着立体的时间距离。比如做这个动作到响应发生，需要三个小时的时间，而那个动作的响应需要三天的时间，另一个却需要三个月时间……企业生产经营是一个复杂的系统，节点非常多，就像一栋大楼，空间节点有1万个，这1万个点排布的整个立体空间，它们中间有不同高度的时间立轴，这就构成了结构非常复杂的大楼。

仵君：就像我们如果从空中俯瞰黄山，高耸的、立体的黄山被我们的视线压成一个平面。如果有驴友在平面中穿越黄山，那一定是一件轻而易举的事情。而当我们在现实中背着背包，用脚步丈量黄山的时候，就会发现"横看成岭侧成峰，远近高低各不同"，真实的黄山远比平面复杂得多。这些高高低低的峰岭的顶点到山脚的线段是不是就像您说的时间立轴？

丹蕨：是这个道理。继续探索，你会发现更有趣的事情。在立体的大楼中，时间是一个自变量，高低起伏，长短远近，而我们身处其中的时候，我们的心也随时间在变，我们的心是个因变量。我们守不住这颗心，我们就无法做到心如止水。

如果在一个平面里，我们用一颗心来处理所有的事情，我们可以做得非常好，就像下棋的时候，你的心神全部贯注到棋盘中。但是事实是，事件是立体的，这个平面一旦拉起来，你的心是也浮动的，一会儿被这牵扯，一会儿被那牵扯，在时间轴向，心思的瞬变就将影响博弈指挥。一个再聪明的人，心乱了，不办糊涂事才是稀罕的事情。

## 本领不在一点，而在全程事流

仵君：在如此复杂的时间结构中，我们如何才能保持从容淡定，做出正确的决策？

丹蕨：世界是一幅展开的画卷，一个时点上没有真相可言。真理是随着事件的摊开、展现和铺陈，在时间轴上表现出来的规律。

如何获得超越时点的过程智慧，一个做大事的人需要懂得节奏，过程本身就是自变量，不可由初始条件充分决定。耐住性子，随形就势，本领不在一个点上而在全程事流。

谋略就是心中的"立体大楼"。随着时间的演进，每一个时刻的节点都在改变着大楼的模样。虽然大楼的总体架构总体来讲不会或少有本质改变，但是节点的模样随时都在变化，这就要求既要淡定，又要随时调整心智。

# 势不用尽，量不见底

## 一

"势"讲的是与环境和对手的关系，《孙子兵法》中的核心思想就是先保不败，而后求胜。但获胜的时机在于对方露出破绽时，所以说，"胜可知，而不可为"。

可胜之机，在《孙子兵法》里就是"形"。时机总是以迅雷不及掩耳之势到来，因为早有准备（风林火山）。但"势"是一种主动地位，是一直要注意保护的"和平资本"，有吓阻的作用。

"形"不备，势不可用。势一旦用尽，即为失势。失势者即为鱼肉，而人家反为刀俎。

留有余地，不是什么美德，而是蓄势，保持自己的优势地位（留有手段）。势用尽，那么和平的资本也就耗尽了。

"量"是涵养，是容人之器量。"量"一见底，就意味着情绪爆发，喜怒都会形于颜色。肚量大的人高就高在他达到了"莫能与之争"的境界。上善若水，水之德就在于它的"量"。

## 二

非为不争，莫能与之争。这就是有量之人的境界，如果你要与他争，得先达到同样的高度才成。

一言以蔽之：人生的许多优势（人际关系、好印象、好名声），都因人们乱用而被糟蹋了。于是人们陷入了尴尬被动的处境，潦倒时好怨天尤人、愤世嫉俗。量小非君子，爱争吵、好计较、易生气都是量小的表现，量小之人是成不了领袖的。因为事业越大，追随者的成分就越杂，没有海纳百川的气概怎成其大？王伦容不了林冲，结果也未能成为大王。

# 第六章

# 科学文化

# 中西文化比较

## 一

西方的分析方法对学习的进步十分有效，但人的修养到了较高境界，还得拾起综合方法。中国的综合思维十分高妙，但绝大多数的学习者都被挡在了门外。我建议学习应该从西方思维入门，然后借综合思维成为大家。

举个例子。西方的教练技术提到了成为成功教练所需的要素：尊重、希望、率真、耐心、信任、创造力。我觉得这是检验自己学习效果的最好框架，这就是分析的力量。但满足于此就不够了。因为要想真正成为大家，不可能从旁观的角度完成教练人格的构建。这些要素应该自然地像流水一样从人格中表现出来，你无须刻意而为。

同时，用中国的思维来看，这些所谓的特质或能力不过都是"名相"，而背后那个发出这些特质的东西（角色、心性）才是根本。中国智慧就分出了这两个东西，一是心性，一是角色。心性是需要修炼的，角色是出于情景和责任的。

## 二

西方文化注重修"行"，中国文化注重修"德"。

西方思维强调命运控制在自己手里，非常强调自主的意义；我们注重自省，重视先师、经典的指引。

西方思维倾向于认为"人本性是不可改变的"，东方思维强调人活着就是为了"至臻完善"。

西方人情绪相对敏感，但同时更主动与人为善、担当社会责任，这个平衡是一种弥补；西方人对自己相对更"缺乏自知之明"，但他们更为开放，在开放中克服了自知的不足。这两个平衡是理解西方人的关键。

中国人对经典的探索和对师长的尊重，克服了宗教精神缺乏可能带来的傲慢，中国人对至善的追求形成了一种内在的开放。连接中西方修行思想的链条在一个"戒"字，西方人"重行"，中国人"克己"。

# 我们不是前一棵大树上的新芽

怀特海说，整个西方两千多年来的哲学史不过是柏拉图的注脚。

这不由得让我想到人类知识的传承。科学研究的门槛越来越高，若想从事科学研究必得经过多年的专业训练；研究哲学、寻求智慧则更加抽象，即使有志于此，也未必能超越前人一星半点。如今学科划分越来越细，像古希腊哲学家那般上晓天文、下知地理的人物几无可能再次出现了。

身处人类浩瀚的文明长河之中，有限的个体如何自处？

一

人类知识的传播和传承效率并不高，每一代大师的成就都建立在个体刻苦的修炼之上，鲜有靠学习前人知识就成为大师的。学习他人的知识非常重要，但这个过程充满挑战。阅读人文社科著作，如果没有对原作者的深入了解，如果没有对人生和世界的深切观察和体会，书中的知识是无法真正传递给自己的，这种学习是一种共鸣而非转移。因此，阅读经典著作时，要么感觉发现了知己，要么就是读不懂。

曾经我觉得读懂了《道德经》和《易经》就算理解了世界的本质，但是随着对其他大师著作的深入研习，我又深化了对《易经》

的理解。哲学包含了一切，但我们对哲学的理解又必须建立在对其他学问的研究之上。哲学替代不了其他学科的那些具体的知识，哲学是具体知识的概括和总结。

历史上很多宝贵的知识和哲人已经消逝，但是我们仍然不能鼓励学子们将挖掘和袭承前人的遗产作为主业，人类对知识的重复感悟和对很多智慧的重复发现，对个体的成长和对人类社会的发展都具有重要意义。

我们每个人都是一株庄稼，前人的智慧就是烧掉的庄稼，是我们赖以生长的肥土，但最主要的还是，我们自己这颗幼苗，需要靠自己的力量长成株。我们不会是前一棵大树上长出的新芽，生命的成长终究是一个独立的过程。

# 二

人类就像一棵永生不死的大树，一个人就是一片树叶。从远古到孔子的时代，再到近代、现代，这是一个演化不停的剧本。人们在此过程中，历经沧桑变换、看尽世态炎凉、见证王朝轮替，成为历史中的一分子。人类作为一棵大树，永生不死，人们以此心智指引自己当下的行为。这是一条属于所有曾来过世间的人们的连续的"命流"。

人作为这棵大树上的一片叶子，其受到有限性的困扰，这便是人类文明与个体心智的冲突。自我生命的短暂、对无限的惆怅，其中纠结着人类的道德与天性。从总体看，人类基本上是明智的，个体的人却在挣扎。他们不知当下的自己乃是由前人的口、身、意成就的，也正是这些口、身、意正在塑造着我们当下的现实。

# 中医不需要外行背书

"看到别人对中医智慧的否认，总有些难受，又有感于自己并非中医专业而有点词穷，请教先生：我该如何帮助大家理解古人的智慧？"

丹藜：为什么要帮助别人理解？为什么难受？

你如果把"难受"看清楚，看清那不是敝帚自珍的情绪，看到"难受"源自潜意识中的智慧对愚昧的轻蔑，那就努力把"潜意识"中这个智慧慢慢显化出来，这个"显化"就是生命潜力的发明（发展、开明），就是修学。

答案不在外边，在你自己。

"因为亲身感受得到中医的好、感恩古人传承给后人的极高智慧，希望作为传承者的中国人，能够有更多人理解、领悟、享受甚至传播它的好处，而不是去否认它，从而让更多人摆脱西医副作用之苦，走上真正的健康之路。"

你能把"感受中医的好"澄清到极致吗？

无须感恩、无须传承，你只要把"感受到的好"用到极致就是智慧，就能实现你所欲求的。以其昏昏，如何能够使人昭昭，否定中医的人也不是故意捣乱，他们也是怕信中医的人误入歧途。

"是的，但如果我想通过传播帮助更多人理解，使其享受到中医的好处，也没有必要么？"

使自己"明亮"是正途。价值观战争是双输的且偏离正途的游戏。自己热爱中医，就该踏踏实实地学习和研究。不要停留在为中医背书的层面，中医不需要外行背书。中医也不害怕被别人攻击，有些议题，只能交由时间、历史去裁决。

# 思考医学，你必须做到不持中西立场

"中医不需要外行为自己背书"，不是身处劣势的中医用来自我激励的豪言壮语。这是出于消弭了分别与对立的旷达与自信。

## 一

华佗如果活到今天，他会如何对待化验和CT影像之类的现代诊疗手段？他将如何对待抗生素、手术以及放疗和化疗？中医的哲学绝不过时，然而华佗也断不会简单排斥这些成就。就如同古人用药不避毒一样。

钱学森先生对中医给予了高度认可，认为中医学中包含着非常宝贵的科学真理，同时主张中医要与西医汇通，进而实现现代化转型。这是一种科学的认知态度。

## 二

将医学机械地划分为中医、西医，将文化机械地划分为东方文化、西方文化，这种思维是有问题的。医术不应以中西划界，大德、智慧不应以东西割裂。让我们放弃狭隘，努力突破自己的认知局限。

国学智慧应该在当代西方思维遭遇瓶颈的地方闪光，西方思维大可以在东方落地处发力。

西医的解剖学早已不只是身体挂图，西方医学已经精微到了分子水平，生物物理学、生物化学的研究成果丰硕。即使是以结构化的思维，也把人体各个子系统研究得精细入微，对各种病理的研究也到了相当深入的地步。中医的整体思维肇端于没有观察装备、实验手段的古代，那时我们的前辈先人着实了不起。

现代的成果不分东西，一律应持"拿来主义"，好好学习，凭此基础弘扬古学。

# 三

智慧的修炼，从一个"虚"字开始。在思考、学习方面，这意味着从基底处设问，从最平常处寻真。大学问，大在无余，精在无内。

思考医学，你必须超越单一的立场。西医对中医的排斥，中医对西医的排斥，都是无知并自负的表现。

其实只要我们把眼界拓宽，把目光放远，就能洞察真相：中医、西医本就是一个整体。总体而言，中医提供哲学，西医提供技术，二者整合在一起就会形成一个伟大的医学体系。

# 重视和追求"永恒"的价值

## 一

到底什么是教育？学校的功能通常被定义为教授学生理论和方法。人们也习惯把学校叫作教育机构。一说到学校的功能，很多人出口就是"教书育人"，怎么个"育"法？又有多少教师曾经"育"过谁？

我时常听到有人说"不行我就去教书"，从失败的政客、落魄的商人、迂腐的读书人嘴里说出来，甚至社会普遍都把教书当成失意者的归宿。浏览母校的公众号，看到"升学谢师宴""高考冲刺总动员"等推送，立即觉得学校就是做业务的，非常庸俗。做人的道理是很难在学校里传授的，差劲的、不合格的老师更没有资格实施育人工程。

不过，我还是从学校学到了做人的道理。有些老师勤勤恳恳地教学，他们自己就是道德丰碑，他们让我在学校里完成了道德上的"强筋壮骨"。他们没有直接教我做人，但他们的言行吸引了我，潜移默化中影响了我的价值观。

# 二

要重视和追求某些东西的"永恒"价值；社会要健康，活着要有劲，要对某些"无形的价值"充满热爱、忠诚和兴趣。如果全社会都见利忘义，只图眼前，未来就没希望了。

# 文　化

## 一

很多中小城市、县城已经建设得非常漂亮，但是缺乏文化底蕴。

什么是文化呢？前天在草原我感受到了，藏族朋友昂青让我领略到了文化。我说的没有文化，就是人与人接洽的关节上太苍白，没有斯文可言。而昂青的温柔、多礼、体贴、多才艺，显示出中庸之道。

他说读了我的朋友圈，觉得我有文化，过来给我们献哈达。当我递给他哈密瓜，他都要先做完敬天敬地的动作后才开始吃；递给他水，他也要做出一个谦卑的手势。后来音乐响起，他的舞姿绰约而豪放，十分真诚，我喜欢昂青表现的文化。

## 二

那些淳朴、幽美的村庄，一旦成了旅游景点就死亡了。因为当它的建设是为了接待业务，当那里刻意营造出的文化氛围是为了招揽游人，当那里的人们更关注外界、关注着自己被关注的情况，他们那里渐渐地就没啥可看的了。

第七章

修身养性

# 人类审美的性别动力

人类对"品德美"的欣赏普遍带有性别色彩。

羞怯、勇敢、坚强、果断、贤惠……每一种品德似乎都带有某种性别假设。

来自异性的正面评价,是激励人们做出正向行为的重要动力,相比同性,来自异性的对你品德的褒扬显然更有价值。一个男子的品行不能取得女性的认同,或者一个女子的品行不能取得男性的认同,难免会感到有些遗憾。取得异性的认可和仰慕是人类内在的心理需要,它可以使人变得自信并从中获得力量。

同时,异性(作为概念整体)评价异性的标准明显具有性别特征:女人眼中的理想的男性形象是"像一个男人",而男人心中理想的女性的形象一定是"女人味更足"。

即使某个男人和女人并未直接接触,但以异性认同的品质为标准,冥冥中似总有一种"暗恋"的指引。男人因此变得超常勇敢、坚忍,女子变得优雅、温和,这背后都可能有一个他(她)想象中的心仪的对象的注视。

一位母亲为了子女忍辱负重,一位男子为了父母和兄弟受尽辛酸,这虽然并非由"获得异性认可"这一动机驱动的,但仍然受到异性的高度赞扬。

家庭是社会的基础，情爱和谐是家庭的支柱，性爱对象的吸引是生物进化途中的主旋律，来自异性的眼光对我们的影响根深蒂固。事实上，男子（女子）在对把女子（男子）作为崇拜对象时，他（她）所采用的审美标准是至纯的，也是它引导人们走向和谐、美好、善良。

　　心中无爱，行为就难有风度。一位自信又大度的男子、一位温柔娴雅的女士，大概率正在被自己喜欢的人爱着，或者是自己有了真正心仪的目标。

# 公正是什么？

一

公正是什么？遇到不公时应如何自处？

德行能带来好生活吗？有德之人一定有福吗？

"好人有好报"是世俗中人用来自我安慰的信念。其实正如我们所见的，好人未必有好报，于是就有人把时限拉长到死后，臆造出地狱和天堂，来弥补这条"公正"的原理在逻辑上的欠缺。

智慧的人也相信公正。和其他人不同，他所着眼的不只是眼力所及的世俗生活，也不假设一个死后的未知世界聊以自慰。他对因果报应的理解是"即时的内心关照"，行善那一刻的感受就是行善的果报。

行德之人得到的是至乐。可是毕竟，人是有限的，社会也是有限的，当良知在社会中受挫时，如何是好？——你只能在你的品格和境遇中找到你的行德之路。

这是孔子的意思，也是古希腊人在谈到幸福和美好生活时的意思。

二

我们遭遇的所谓"不公"，其实就是一种"公平"，是世俗的公平。世俗的公平本身就是不稳定的，反复无常的。

公平其实有两层含义，一是世俗的民意，或者更直接地说就是人气、权力、势力的混合物，二是纯粹的信仰。如果刨除了对公平的绝对信念，那么公平在世俗中就成了反复无常的。我说这话是冒着风险的，冒什么风险呢？不是冒着不合事实的风险，而是触犯了某些人的所谓正义感。

其实我不是没有正义感，我心中还有另一杆秤，那就是我心中的公平。但在与那么多人意见不一致的时候，我发现反对我的不一定都是坏人，只是他们与我有不一样的信仰。历史学家发现，过去的事情人们就永远无法完全还原了，而且人们对历史的看法永远不会一致。

# 三

于是"公平"重新获得了两层含义，一是内心良知的安稳，二是面对社会平和接纳的心态。这里就出现了一个难题：如何让良知与平和协调起来。

我们必须时时警惕自我，对自己心中的信仰保持敬畏，要处处对得起良心；面对社会给自己的负面反馈不要轻易愤世嫉俗，要理解社会的运行自有它的道理。

我觉得这就是"有待无求"。"有待"就是秉直内心，"无求"就是不去计较社会的回报。因此，什么是公平？在我心中，它就是良心；在社会中，就是协调各方。我可以允许别人发表某种看法，接纳它，但不一定认同它。这也许就是"和而不同"。

# 仁者无敌

## 一

人的"爱""乐"都是由"心"所引导的。大多数人只知道每颗"心"的不同，而不了解"心"的内部结构层级。"爱"在彼此心灵的感应之中产生，"乐"在心中负面情绪释放的过程中涌现，二者都出乎心。

西方现代企业管理学把心剖析为使命、愿景、价值观、战略、领导力几个层面，儒学把心剖析为心底、身段、家庭、事业、社会。

人们喜欢询问如何取得成功，却很少探究心灵的结构。通过诚、正、格、致、修、齐、治、平的实践，我们构建了一个完整的心灵结构。当这个结构完整且流畅时，人就会生出多层次的心灵意识。

事实上，"仁者无敌"这句话已经揭示了这一真谛。以上所说的心灵结构完整且流畅就是仁者的心智和境界。使命既然已经规定了自我的非自私立场，愿景又在感性、具象方面宣布了其诚恳，那么战略就开始落实"以大心做小事"的圆融而有力的"义"，价值观和道德情感则捍卫着大心与做具体事时心思的和谐一致。

# 二

多年前我父亲曾说过，一个人可以战胜一个兵团，现在我才切实领会它的道理。因为兵团的优势只存在于双方决斗的游戏中，而在决斗开始之前，一人之智足以化解兵团的战斗意志。

仁者无敌，仁者在世界上没有仇敌，仁者之心、仁者之智使兵团无法集结。敌在，因我在；众敌在，多因我无道。我若为仁者，孰敢阻拦？

仁者既有柔如清水之无争上善，又有无坚不摧的金刚品质。这种坚利源于至柔无私，至柔与金刚并无二致，所以说，"仁者无敌"。

# 让子弹飞一会儿

## 一

"让子弹飞一会儿。"

期待、目标、欲望的实现周期，与事物发展的自然节奏之间存在落差，我们应如何去应对这种落差？就是要做到我们常说的"淡定"，即"不要急于行动"，而是让"心"顺应"自然的节奏"，这样就能减少焦虑。

## 二

"辩论的唯一意义就是昭示第三方"，为何这样说？

你与某人发生的辩论对自己无益，也不会改变对方！

"那当我遭遇误解的时候，我该如何应对呢？"

第一，人与人之间的误解是常态，人们彼此之间的了解并不深入，也不真切。

第二，很多事情一开始都不是按照正常轨迹展开的，常常起自误解、矛盾，在推进过程中才能慢慢走向真实。

这就是我说的"要淡定"，"让子弹飞一会儿"。

"子弹"有时需要飞很久，这期间你可能活在被误解的世界中。

不过，只要你坚信"最终会如何"，那么这种忍耐就不会让你感到煎熬。

另外，你要明白，辩解、辩论会让误解加深并且难以消除。或者更直接地说：辩论、辩解就是领受你所要拒绝的东西的捷径。

你可以放弃辩解这种行为，而去理解"误解发生的缘起"，然后给以出关怀。奇迹就在这里发生，误解就这样被消弥了。

慷慨地给予理解，结果对方就撤回了诋毁。

很多指责都是过当的，一旦理解建立起来，那些攻击就瓦解了。

# 三

"您说人们怎么看你很重要，以前老师则告诉我们不必理睬别人怎么看，只要去真心做自己。"

真心做自己没错，太过关注别人怎么看而乱了方寸不好，但是别人对自己的看法与自己对自己看法的差异才是勇敢的人要面对的。

"您是说这个差异是可以消除的？"

干吗要消除？我是说这个差异可以是一种指引。首先你需要理解别人对你的看法常常不是基于某一件事，对你是谁、你是怎样的人的看法就是你与他们关系的直观反映，也是你对他们影响力的来源与局限，也可以说他们对你的看法可以用来评估你在人际关系方面的成就，这些成就背后就是你在人群中的角色、身份、地位。

"我被低估、贬损了，我该怎么办？"

"低估、贬损"是你对他们看法的看法，你的感受也从中来。

"我会很生气，如果贬损来自重要的人，我还会感到很受伤。"

本来这些看法的由来并不一致，有些受到文化、立场、角度的影响，有些受到个人境界的影响。来自不同立场的不同看法，需要你去认真理解现实；对因文化差异而产生的不同看法，需要你有一定的包容和忍耐；若是来自更高境界的看法，那么其中必有启示。

"有些人总是看不惯我的特立独行。"

你说到重点了，情绪都是表面的应激反应，而把心定下来，投入工作中，用"余耳"倾听有深度的声音才是优秀品质。

"可是我在不公正的舆论下无法表现正常。我怎样才能消除他们的偏见？"

你无法消除的，未必就是偏见，你只有按照你坚信的（理念）去做，这是铸就人们对你的看法的基础。如果你认为你做得对，而人们没有就此给你公正的评价，那么你需要让子弹多飞一会儿。

# 爱，应该清净

弗洛姆说，爱是一种能力。然而，不识透"自我"，我们可能终其一生也学不会爱。

一

爱，在很多人那里已经变成一个听来让人肉麻的词，已经变得庸俗。一到过节，朋友圈里的人就像商家在处理积压库存一样喊出"感恩""回报""答谢"等"口号"。

感恩就像一束阳光，从你的身上发散出来，在到达别人之前已经使你自己变得祥和温煦。

真爱不是故意从自我发出来的，而是无我处生发出来的；真爱是包容、接纳、无所求。

但爱往往被曲解了，施爱的人把爱当作了一种私欲的释放，尽管以温馨、奉献的方式；"被爱"的人感受到的是，爱是从他人索取而来，尽管他并不曾索取。

若没有感恩，人与人之间交流的本质就成了交换；从自我发出的爱，若没得到别人交换而来的爱就会生出怨来。

# 二

无我是一种大爱，而这个无我是通过接纳和给予来实现自我完善的过程。

而人伦之爱却不是无我，也不是自私，而是彼此之间构建的"有私的共和"。一方面，这种爱涉及彼此对对方的绝对占有（限制性）；同时，一方对另一方所给予的爱也需要对方的回应和接洽。

如果没有接应，你的爱是给不出去的。这种在相互接应中生成的人伦之爱，还需要一种开放性才能升华。

这种升华是一道门槛，也是一个过滤器，它把很多婚姻阻挡在了幸福的门槛之外。对很多人来说，幸福是一种挑战，幸福是一种果实（需要智慧和创新的浇灌才能结出），而不是一种偶然的机遇。

# 情绪的"水穷处"与"云起时"

　　有人较为情绪化，有人自称"平和"，似乎没什么情绪波动；有人喜怒不形于色，有人对情绪控制自如，却让周围之人难以招架。

　　凡人皆有情绪，大家都不太喜欢负面情绪，可每次遇到事儿，负面的情绪难免会生起。这是为什么？

## 一

　　情绪到底起自何处？

　　情绪生起前一刹那发生了什么？

　　情绪产生后如何影响我们的认知和行动？

　　为何面对同样的事件，有人会有情绪起伏，有人却"泰山崩于前而色不变"？

　　"行到水穷处，坐看云起时"，我们应该通过"观"情绪来"觉"自我。

　　"情绪"给我们的第一个启示是：情景落在哪个"性"上才生出这样的情绪，于是，我们从情绪产生之处可观"自性"。第二，情绪的产生完全是情景点燃了"情绪记忆"，情绪记忆，是一种不能回忆但可以被情景唤醒、召回的昔日感受。

## 二

人们意识不到情绪起自自己的心，这句话包含两个奥妙：一是起自自己的心；二是意识不到。

如果人们能够意识到情绪的起源，便知情绪与外部事物的关联并不紧密，至少不是你认知的那样。因为情绪有独立的起源，而情绪被事物引发又反过来影响认知。在这个认知下，情绪又变得被动、合理，你认识不到这个来回折腾的心智变化过程，而直接把这一切总结为情绪是由外部事物引起的，认为情绪反映出的是事物的本质，而情绪的主观性被悄然忽视。

为何说意识不到？这是针对肤浅知识和意识而言的。我在此处所说的"意识到"，是指"观察到"那个情绪的"独立产生"，也即情绪的出现有其内在依据——似乎是你的心在等待着释放这个情绪。你的心似乎有很多情绪"需要"释放，根据不同的情景而释放不同的情绪，这便是所谓的心性。因此，当情绪出现时，我看到的不是事物的本质，而是你的心性。

## 三

观察你自己的心时，你会发现你的情绪一直在变化，随着外部情境的发展而变化。这种随时在变化的心情并没有引起人们的特别注意，其实这里有一个大秘密：情绪的功能。情绪在生成，生成的情绪需要释放，释放的方向就是动机所在。

情绪的释放遇到阻力，积压下来就会形成心理疾病；情绪毫无约束地释放，也会带来更为麻烦的问题。这时理性就派上用场了，理性最大的价值在于对情绪的释放方向加以控制，使行动接受理性的检查和控制。这避免了非理性行动可能带来的麻烦，但是控制行为之后，郁闷的情绪还在。此时所储备的知识开始运作，知识的作用在于转化情绪，使之变得明朗。至此，我们便明白了理性、知识的价值。

但如何将知识转化为智慧才是根本。接下来就要在心性修养上下功夫了，通过修养来应对各种情境，培养出健康、积极和有造就自我作用的情绪。不同情景照在这颗心上映出的不同情绪画面，在某些时候叫作情商，某些时候叫作心智，某些时候叫作境界；或者既是境界，也是心智，还是情商——这只是它表现的不同层面。

那么最后的问题也许就是如何修得好的心性？很多人的良好心性（或者叫作人品）来自基因遗传，是从优良家风中来，也有的人是从阅历中渐渐磨砺出来的，也有人是从持戒修行取得的。

我个人的感悟不成系统，冒昧与大家分享。由两个字形成的"结构"是妙法：信和做。

"做"中包含人生机运的大智慧，"做"的范围包括积极的行动、戒除不善的言行与念头、已经觉察到的必须做的善行。积极的行动开辟出的是真实、吉祥的当下和乐观的未来，一切都在行动中生成。

"信"不是独立的，是与"做"有机联系着的，它们共同组合成为一个有机结构。其奥妙在于，一旦有了信，态度就会开放，那些习惯于本能地去质疑的人，貌似聪明，其实往往阻断了玄思在头脑中的运行。

这个修炼很不容易，障碍在哪里呢？在人心。人们不太相信正义最终会胜利，便变得懒惰，不够精进。其实只要对正义抱有信仰，并积极地去做，会修出好心性，修出美好的人生。

# 男人的品级和浪漫

## 一

社会交往除了时间成本外，还会有一定的经济成本。咖啡、品茗的氛围，谈话的对象都决定了交友与清谈的成本，更不要说邀友去名山大川、曲水古径，那些活动所需的费用更是不菲。

有点钱之后没点见识也不行，满嘴胡言乱语的财主倒还不如没钱的。如果一个人什么也不晓得，说不了几句话就"散会"了，那么别人跟你在一起没多大劲。

有了见识没学问也不行，学问是系统化的见识。有思路但没个头绪谁信任你呢？好比"万事通"的那类主儿，似乎啥都明白又似乎啥都糊里糊涂，有学问的人没法与你交流，会认为你没品味。

有点学问没见解也不成，如今评价一个人是否有个性不是看你的着装与发型，也不是看你的脾气，关键是看你有没有自己的主张。你得有点理念，对事情有自己的判断，有稳定的价值观。

有见解没实力也不行，实力指的不是财力，如今融资不是难题，实力指你的操作技能。没有足够的专业技能、扎实的专业功底，没有把事情做成的手段和赢得人心的能力，你终究还是个软男人。

## 二

能把事做成，并不能保证你会幸福快乐，你还需要具备一些品质，比如大度。因为幸福跟你与环境的关系有关，你不可能关起门来偷着快乐。所以在获得财务上的成功之后，器量与气度成为越来越紧要的东西。你得能够帮助到他人，你还得乐意帮助他人。他人接受了你的帮助，他的尊严应当得到提升而不是以牺牲尊严为代价。这样，双方的内心才具有充实的快乐。

拥有充实的快乐还不够，还得有灵气。自由是一种有层级的概念，精神自由也有品级。老子讲的"生而不有，为而不恃，功成而弗居"就是一种自由。自以为是，自以为与众不同，自以为高人一等，那就完了。一个人由于穷惯了，有点钱或取得点成就，就一下子不认识父母了。金钱、名利这些东西不仅要拿得起，还得能够放得下，身外之物没什么。还要学习怡情养性，懂得快乐要与人分享。

## 三

有了灵气还得做到童心不泯，童心不是指孩子气，而是指对很多东西不抱成见，不世故、不愤世嫉俗，保持好奇心，保持对新事物的热情，保持学习的精神。更重要的是要有个"玩"的心态，这个"玩"不是指玩世不恭，不是不严肃，而是一种潇洒的态度。就像尼采讲的，没有游戏的乐趣，人活着没意思。能玩得潇洒，就能过超越了生活压力的纯朴人生。当我们做事不是出于谋生，不再是出于迎合某人，不是出于被迫，而是出于兴趣，使我们的兴趣与工作契合，责任与价值观一致。

254　　认知与超越

只有童心似乎还不够，心灵有这个基础之后，还要提升，要获得浪漫。没有基础的浪漫是轻浮的，有基础没浪漫是缺憾。浪漫是高傲的，它站在扎实基础上面对基础发出无情的奚落和蔑视。浪漫是拥有基础之后的超越，没钱的人嘲笑金钱，这不是浪漫；没学问的人嘲笑学问，这不是浪漫。浪漫是拥有了物质基础之后的一种精神洒脱，物质好比一个死皮赖脸的影子追随着那个无视它的主人，主人的浪漫表明物质财富毫无意义。但是一旦影子消失，浪漫也将随之化灭，如泡影一般。所以，浪漫首先是一种人味。

# 四

人味就是亲情味，人不能独自享受浪漫，浪漫终究还是存在于关系中，存在于你对待生活、事业、家庭、情爱的态度。因此在浪漫中我们必须能够发现一种关怀，这种关怀是一种慈祥的慷慨、优雅的亲切、高贵的真心实意，还有一点亲昵。

浪漫是彼此的，它拥有令人心醉神驰的魅力，它是雍容华贵的，令人陶醉。但如果你想只生活于浪漫中，那么你的想法太浪漫了。

# 利他能力

因为稻盛和夫的缘故，"利他"这个词在中国商界广为流传。这两个字是真好用，大家言必称"利他"，可每个人对"利他"这个概念的理解各不相同，更莫提行为上的大相径庭了。

苏格拉底说"美德即知识"，这种"真知"是实用的，能够支配人的行为。以下是一些关于美德的实用知识，它们贴合现实情境，触及了美德发生作用的核心。这些知识来源于实践，也能应用于实践。

一

价值观可能自然形成于人的经历，并体现在我们的思维与行为模式中。我们的行为和思想都反映了我们内在的价值观，但是当我们意欲通过内省来表达这些价值观时，就会止于一些静态、僵化的词汇。

其实，引导我们行为的"价值观"本来就不是一些静态的理念或规范，而是一些心理过程。任何价值观的运作都与内在的心理过程相对应，无论是对是否应当承担责任的推断、行为选择、是非判断，都是一个心理过程。

在"价值观"这一概念出现之前，人们用的词是"良心""心肠""心地""品性"。价值观就是由这个心理过程产生的，那些表达词汇就是价值观的相。因此即使使用同样的语言词汇来表达价值观，绝不意味着就一定出自同样的文化背景，因为这忽略了价值观起作用的心智因素，以及个体对社会习俗与压力的反应——个人的哲学信念、心智因素和情境影响，都参与着价值观发生作用的心理过程。

<h1 style="text-align:center">二</h1>

美德只存在于关系中。美德、价值观都是伦理范畴的东西，它只有在社会关系中才有意义。因此，成熟的见地是，你必须明白这样的概念大多是动态的、须从多个维度来认知的，亦即你必须从各种关系中、从相关各方的态度中来定位和把握这些概念，美德与价值观本质上都不是一种个人特质，而是一种利他能力。

比如"公平"这个概念，是指某一事件中各方对利益表达程序、利益分配方案的接受与认同，也包括彼此协调"认知分歧"过程中起指导作用的权力分配、议事原则的透明与一致。但公平绝非一方对另一方的恩赐，也不是某一方的美德。生活中你不难发现那些高傲地声称公平主义的人可能正是独裁者、霸权主义者。公平是一条处理社会关系的公认标准，但它的真正实现需要双方的合作与积极参与，它不掌握在其中一方手中。

尊重，也是这样的多维度概念。尊重既是人际关系的准则，同时又是相互关系的一种状态。作为关系准则，它意味着单方面率先主动对他人表示尊重，承认他人的习俗、个性、信仰、人生选择权力的正当性，同时真诚表达自己的意愿。有时这的确是一种艰难的平衡，因此也是一种可贵的能力。其次，作为一种状态，尊重是以被尊重者的感受和体验为标准的。这种体验未必一定是顺从和愉快的，但它必须体现关怀、真诚、互动和某些符合社会礼仪的谦卑或者适宜的态度。尊重不仅仅是一种出发点，它还必须是兼顾对象感受的过程。

三

生活中很多价值观念都是多角度概念，需要大家共同参与构建。美德只能在关系中存在，在人际交往中被确定下来，而不能单方面一蹴而就。价值观所表达的价值信念只能在互动中被创造出来，因此美德不是一种属性而是一种能力，它对生成关系的结果负责。

再比如另一项公认的美德——诚实，同样也是关系能力。有人的理解是"诚实就是不说假话"，这没有问题，但你必须在下面的问题上进行平衡：并非所有的实话都是使人受益的，也并非所有的实话都可以利己。也有人将诚实理解为"诚实就是言行一致"，这是社会上更为普遍的一种理解。但是要实现这一美德同样也有挑战。

其一，"编织某些语言"本身就是行动，它可能直接产生善意的结果，它本身就是终极目的。但如果我们刻板地要求必须履行"善意的谎言承诺"，那么这就剥夺了我们采取之前"善意的行动"的能力。此时你可能将面临"僵化的诚实"与"解救对象于危险之中的策略"的道德悖论。

其二，"言出必行"作为无可争议的美德，事实上忽略了"言"与"行"之间的时间跨度。言与行所受的局限是不同的，嘴皮子一翻，"言"就出来了，但让它成为"事实"还需要一个时间的过程。

如果你硬要"履约"，然而时过境迁，履约的条件已不复存在，也许只会事与愿违。

其三，言与行的难度也是不对称的，所以人们更容易言多语失，此时要是一味追求兑现轻浮之语，岂不是雪上加霜、错上加错？因此老子告诫我们"轻诺必寡信"。

那么是不是没有十足把握能实现的话就不要讲呢？未必！语言作为激励、影响和沟通的手段，它本身就是行动。诚实作为一种行为模式的选择，它是一种发展和捍卫关系的能力。

诚实是不欺诈他人，不利用伙伴的不知情来实现自己的意图，不歪曲事实和误导他人以谋私利，不以他人诚实作为自己诚实的条件，而是率先主动坚持诚实的原则。因此诚实是一种关怀和成熟的智慧。

以上几个例子还算通俗易懂。但如果价值观涉及的是"开放""沟通""信任"，那分析起来就更加复杂了，这里就不一一展开了。

# 四

在价值观方面，另一个僵化的陷阱就是人们对"坚持"和"意志力"的误解，以为只要是"正确"的价值观就应该坚持到底。这是不知道价值观的关系与能力本质的具体表现，谈判高手最清楚，离开了相互关系的本质，立场将毫无意义。很多情形下，妥协、让步才是实现价值的正途，比如能够接受影响的人才有希望影响他人，这需要辩证的智慧。

最后我要说的是：首先，价值观一定是通过行为表达的，口头的说法是虚无缥缈的，关键要看他怎么去做；其次，有些价值观的意义必须以结果来论，而有些则是其指导的行动本身就是意义。

　　利他是一项成熟的社会能力，而非简单的愿望。不要让言词束缚你的智慧，要发展你的心智。也不要以为仅凭单向的行动就可成为"好人"，相互关照才是根本，因为利他终究是一种承担社会责任的过程。

# 自愈力，就是境界重拾

## 一

孔子说："智者乐，仁者寿。"这里的仁者、智者，指的不是两类不同的人，而是达到至高境界之人的两个重要方面。"智者乐"，指的智慧使人获得快乐，如果智依于仁，才是真智，就能够带来长寿。在这里，寿不仅指身体健康（无病），更指精神境界的圆满，乐（无忧无怨）则是智慧通达的表现。

自愈力常被误解为只是人体固有的一种生理机能，但实际上，它也是一种精神层面的能力。自愈力分为若干等级，从简单的伤口愈合到更复杂的疾病的恢复，这些都是最基本的自愈力。而程度更深的疾病，往往来自"生活（精神、作息、操持）习惯"，积劳成疾。这些疾病若要恢复，就不能单单依靠基础的自愈力，还需要更深层次的精神力量。

从疗养角度讲，自愈力可以说是一种不（完全）依靠医生和外在手段的康复能力。这种力量来自何方？要回答这个问题，首先需要理解疾病产生的根源。疾病有两个来源，一个是不健康的精神和生活方式，另一个是积累起来的身体问题。好的精神状态与生活方式，就是"无病力"。此外，操劳、加持都是致病因素，一旦积累到一定程度，没有良医则难自愈。

因此，良医辅助消灭积累起来的身体问题，然后激发内在的仁德和愿望。对修行者而言，每一次得病、每一次康复都是修炼的机遇。既然话说到这里，道理也就显明了：自愈力，就是境界重拾。

二

如何开启自愈力？这是一个值得探讨的问题，绝不是简单的吃药、理疗等。

开启自愈力，你只须明白它是如何关闭的就够了，就这么简单。

# 挚诚的孝行，当属一种"关系"

## 一

"孝道"一词可以从两方面来理解：一是行孝者自我的救赎；一是天伦关系。

自我救赎，就是行孝者通过孝行实现自我内心的变化。挚诚的孝行，存在于一种"关系"中。母慈、父严，父母无条件（不求报答）地施爱于子，以身作则垂范，所唤起的是一种自然而然的报答行动，真正的孝行乃是这种关系中的一环。

因此，真孝不是子女单方面的行为，而是肖父母的表现。

## 二

礼尚往来，这个"往来"不是交易，而是根据各自的地位而给予"尊敬"。如果将其视为"投桃报李"，那就庸俗了。晚辈孝顺长辈就是礼，长辈以身作则并对晚辈施以慈爱，这就是礼尚往来。

如今到处都讲孝而不讲慈。中年人对子女讲要孝顺他们，不如他们自己对父母行孝。我见年轻人奔波劳苦，如见亲子，总想多给予一些帮助。我见耄耋辛苦如见亲慈，于心不忍，总想予以扶助。

看到老人（其实不老，五六十岁）跟年轻人在公交车上为争座位对骂，我实在受不了。从礼上说，即使年轻人让座，老年人也该推辞，辞让才是礼的风范。我也提醒自己，自己慢慢变老了，要给年轻人立榜样。

## 三

一位同仁说他用仁爱之心做事，取得了非常积极的效果。

仁爱之心在乐之忘之，仁爱之心岂在可用？发仁爱之心，乐所奉献之为。行之以敬，乐之以行，是在为子女示范"孝"的真义。

"先生说'父母即仁义'，何谓也？"

衣食父母、百姓父母云云，特指父母是仁义。母至慈于亲，父至义于人，此慈此义不二。父母即两仪，两仪之道即天下父母。

# 我眼中的儒学本质

## 一

当今世界，人们有很多要追求的目标，心中有不同的价值观，有各自崇拜的人物。

儒学的根本只有一点：做人的学问。

很多人以为儒家的东西很简单，比佛学容易理解，这完全是误解。儒家学问是微言大义，很多人以为儒学所讲的道理十分显明，其实它背后也有幽玄的奥义。

当今人们大谈文化复兴，然而很多人只是把它当成一句口号在谈，空有热情，却并不知道儒学、国学的本质到底是什么。

很多人一张口就是儒释道，儒释道是什么？难道儒释道是三家学问吗？说过去从百家争鸣，后来慢慢发展到独尊儒术，是儒家通过竞争变强大了进而杀死了其他学问吗？人们对儒家不懂，是因为不知道儒学背后的那种涵容。如果对儒学真正了解，就会知道其实儒学没有杀死任何学问，而是涵容了多家学说，并借它们不断丰富、完善自身的体系。儒学是包容的、气魄宏大的学问，一个真正的儒者、君子，也应该是有博大心胸的人。

# 二

人们学习儒学的目的，大致可分为四类。

第一类是舞文弄墨，做些文章来标榜自己的学问，当作"辞章之学"。有些人写文章时好引经据典，发表言论的时候，引出儒家经典中的一句话来作为依据，似乎学问广博、通晓天地之道，实则肤浅无知。

第二类是读经寻药。想从儒家经典里面找到做事的方法。很多所谓的儒商，认为在自己的生意遇到瓶颈时，学学儒学就能找到方法，就可以制定出好的战略，就可以找到可持续的经营之道。

第三类是寻找心灵的慰藉。觉察到自己的心灵已经遭受了折磨，通过学习儒学来寻觅抚慰心灵的良药。

第四类是从里面找做人的启示，意在追求人格的完善。

# 三

聚焦于修身，我还能找到做事的方法吗？还能找到心灵的慰藉吗？当然能，修身与这二者并不矛盾。你明白了做人之道，就可以统摄所有的东西。因为在修身的过程中，你能够找到你的良知，就会发现其实你的心灵无须慰藉，它本自清净。你也无须去找慰藉，因为修身足以超越你的困惑。因为你心灵真正高贵起来之后，你做事的方法就在其中。这就是儒学里面有一个很玄妙的概念：德与能从来为一体，儒家讲能的时候从来都是从德入手。德即是能，德为体，能为用，仅此而已，这才是正途。

# 四

大家可能会听到很多人将儒释道三家进行对比，致力于分析哪一个更厉害，一定要比出个先后来。其实这很愚昧。在我个人的修学过程中，一直在探索一个问题：为什么中国原有的那么多学术派别最后只剩下三家？

在经过多年的学习之后，我终于得到了一些感悟：儒释道"本质"上就是一家。但是三家学问在"实践"或说"应用"上，有了分别：这三家在三个不同方面各有巨大的力量，正好击穿了人类的三大困惑。在这点上，其功用有一些分别，但是在本质上，他们完全统一。也就是说，如果你以儒学为根基，修炼到一定的境界，便完全能够涵容道家和儒家，而不是视它们为对立的。那么是哪三大困惑呢？其实在我们人类的进化过程和社会发展进程中，已然形成三大困惑。

一大困惑就是人与自然的关系。人不断进化，逐渐摆脱对自然的过度依赖，形成了一个相对独立的人类社会，这时我们的困惑已经产生。本来人和自然应该是一体的，而现在人似乎处于和自然对立的状态，这让我们犯下很多错误，也给我们带来太多的困惑。道家文化正好能解开我们这些谜团，道家能够把我们从和自然的对立中拯救出来并让我们回归自然，能够把人类的矫情、造作除去。道家修养的目的，最重要的就是这一点：重回自然。

第二大困惑就是，我们的"自我"一旦出现和形成以后，"自我"就成为我们与智慧之间的最大壁垒，我们已经背离了我们的初心和本心。我们貌似非常聪明——有智慧、有理性、有算计、有机巧，但事实上这绝非我们的初心和本心。我们一心一意地努力、竞争，用尽手段。只有当我们得到了自己所求的，才能发现真正对我们有益的东西和所得到的那些身外之物截然相反。而在找回初心和本心方面，佛学提供了大智慧。

第三个方面就是儒学。就狭义的儒学（而非涵容的儒学）而言，它也有独到的功力，它能解开人类第三大困惑。第三个困惑是什么？就是我们每个人都作为一个个体，个体属性和社会属性之间的矛盾给我们带来太大的困惑，我们很难处理。家庭矛盾、社会矛盾、工作中的压抑，这些困惑是人类的个体属性和社会属性之间出现了刚性的冲突，而儒学中的"三纲五常"就能解决这些问题。

所以人类有三大困惑：一个是人与自然之间，一个是自我和本心之间，一个是个体和社会之间。这三大冲突给我们带来的困惑，儒释道以其独有的功效，能够分别对治、完美解决。

# 心性的升级

## 一

这个世界是完美的。在生命展开的过程中，这种完美经常是通过偶然的机遇实现的。此时这种机遇是"恰巧幸运"，然而更多的时候是"恰巧不幸"。

其实，"恰巧不幸"所带来的机遇，比"恰巧幸运"所给予我们的更普遍、更频繁、更深刻、更有价值。

幸运的人一生都在不断地突破自我，因为他们善于从"别人眼中的不幸"中寻找转机。

强者游刃有余地运用这两种机遇，搭建了自己完美的生命和个人世界。

## 二

人生的各种机遇，被机械地定性为高尚的或卑鄙的，这种定性遵循的是利益标准。

"我们有了能挠的手，于是才有了痒。"这是来自科普文章的一句话，这句话的字表意思很容易懂，但比喻义很深。

我们预备好了的、自己仅有的或是自己擅长的解决问题的手段，决定了问题的模样。而人们还以为是先有问题，后有方法。

很多商人、官场钻营者结交朋友的时候也是如此。先看是否对自己有用（以此来决定对待对方的态度），再以此来判定对方"好不好看"。

因此，我们眼前的"问题"可以反映出我们预设的方案，并且"它"才是惑乱视听的东西。

更高的境界，是从当下处境了解自己心性的问题与机会。

# "自我"升级的大门被"我"锁着

"我"是寻求被认可、寻求新知识、寻求新建树的导向仪、能量筒、发动机。

"我"也是寻求自慰、自我保护和自我辩解的机器。

在自我提升的过程中，"我"往往是一种障碍，"我"是僭越的主观，是导致自己盲目和心灵混乱的病因。

## 一

"我"用"正能量"激励狭隘的"实际"，在自认为的康庄大道上渐行渐远，迷途难返。

"我"最能隐藏消极、自私，"我"总能"创造"最有力的借口来为自己开脱，自我批评其实也是一种防御。

"我"最容易受伤，害怕批评，于是把一切负面感受，转向对环境、他人的抱怨、批评，或者假装宽容。

真正的大匠精神来自超越自我的自在，这是一条光明的道路，但是通过这条道路的大门被"我"锁着。

## 二

我曾说过：人们只想"成功"和"被认可"，这大有问题，即使做到了，那也不是取得"突破"和"进步"，这就是孔子说的"吾未见好德如好色者也"。

人就好比一台计算机，有了"自我"，它拼命安装各种 App 来展示才能，拼命运算来显示勤奋，但系统很快就垃圾缠身，动弹不得了。而行者呢，其修行过程就好比操作系统升级、芯片升级、硬盘升级。

一个人通过追求成功和被认可，并不能实现自我生命质量的提升。

灵魂境界的提升，命运的改变，不是"自我"能够实现的，而是"道德"回报。人生最重要的价值都是通过"有待无求"实现的。

人生的思想、意志的确有正负之分，我们先不去说它。但是人生的诚、正是从"自我"的"前一刹那"或者"背面"体现出来的。人们习惯于把获得更多方法和应用当成学习成效，却不知道减少愚昧才是更好的学习。

# 三

实际上，最让我们忙碌的莫过于寻找借口或者即兴撒谎。修炼是自家的事，展示给别人的只能是道德光辉。逢人便讲经典条文和自己的理解，并不是真正的功夫。轻轻松松、踏踏实实、看似随意，才是真功夫。

世人只爱自己，世人有眼不识泰山，你无法去较劲。他们总有自己的看法，却唯独缺乏自知之明。

世人容易小题大做、迷信崇拜，热衷于相互窥探、装模作样，安分守己不是一件容易的事。

世人私下里都自以为是，颇为自恋，这是大多数人至死不会承认的悲哀的事实。

# 万象更新，重新开局

何为"年味儿"？就是新年的气息。为何一到过年，我们的身心都会感觉不同？而且一旦年没过好，或者因为什么事情耽误、被打扰了，就会感觉失去了宝贵的机会。

新年新气象！年气，就是新的一年开始，万象更新，让我们把所有晦气与成就统统清零，迎接正月的新开局。

新年的气息是多么令人轻松愉快。

## 一

人这一生中，心灵要死去和重生很多次。不切真理的心智，走着走着就到头了，再也没有意义。更有甚者，会陷进苦恼的漩涡，有人变成行尸走肉，有人转而在消极中获取能量。

要活出散淡、随遇而安又充满喜悦的生命，需要经历几次心灵的重生。这种"重生"指的是心灵的彻底革新。心灵的每一次革新，都会让你重新发现意义。每一次革新，都使心灵境界获得提升。

有人问："修行干吗？"我知道他是在怀疑社会上那些虚伪的行为。心灵境界提升的道路上有很多道坎，每一道坎都会阻挠一些人通过。

毕竟任何一种世俗心智都走不太远，迭代不久就"死机"了，就陷入失去人生意义的状态。

我们亲眼见证了微软发明 basic 语言，从 286 处理器的 Windows 2.1 到如今的 window 11，不断地进行更新换代。人生何异？也是在不断地"升级"，然而人有"自我"，更难实现"质"的跨越。

科学数据是梳理问题的工具和途径，但它们远非求生智慧。那些特别讲究逻辑、事事都要讲理的人，无法实现心灵的重生。

# 二

人如何才能过得幸福？并且不是几乎所有的人都认为幸福比成功更重要吗？为什么大多数人都过得不幸福呢？

我所知道的关于幸福的道理仅有两条：一条是"幸福是被不幸福的人嘚瑟丢的"；一条是"任何人、任何职业、任何处境都有其独特的幸福模式，幸福没有特别的形态"。

幸福本就来自平常，是人们不明智才搞丢了幸福。幸福不是成就，而是大家遗失的东西。

幸福的模样不受限于外部形式，幸福的人有各种各样的模样。但是在任何情形下，要过得幸福还是需要心灵的功夫。如果你不幸福，任何借口都不成立。

如何看待人们为追求幸福所做的努力？

当他们感到幸福的时候，他们是幸福的，当他们"积极创造幸福"的时候，可能正在失去他们以为正在追求的幸福。

# 养生的三大障碍

## 一

人们对养生的无知有三大突出表现：

第一，以身体的数据检查作为衡量自己健康状况的唯一指标；

第二，看重钱财和别人对自己的毁誉，而无视情绪与心境的管理；

第三，不切实际地企图通过"修炼"来达到至高境界，从而获得健康，这比直接获得健康更难。

人的身体是高度复杂的有机体，衡量健康状况绝不只是看某些脏器是否完好。这就好比一座即将倒塌的大厦，在倾覆前的一分钟，表面上看还是很安全的，其实内在结构早已出了问题。

财富和荣誉可以让一个人在社会人群中展示其成功和力量，但是很多人显然还不清楚，良好的情绪和淡泊的心境才是维持生命力量的根基。境界是生命的财富，钱财、毁誉是社会人的财富，虽然都是财富，可还是有个顺序。

健康终究是一种可感知的身心状况，从感知出发就可产生调整需求和具体行动，而规劝人们调整心态提升境界，实在是以远水救近渴。学习养生之道，首先必须认识这些障碍。

## 二

精、气、神是衡量生命活力的三个绝对尺度。精就是人的实体，主要包括上文所讲的体检所查的部分，即脏器要正常运行。气足表现为人们在做事时充满信心和活力，让人有一种精力旺盛的感觉。神清的表现是神志清晰，反应敏捷，记忆力良好，有一定分析判断力、感悟力、洞察力。健康就是指这三个方面同时处于较佳的状态。

健康不仅是指单个脏器正常运作，还要保持脏器之间的关系和谐，即所谓阴阳平衡。无论是脏器出了问题还是阴阳失衡，都会有症状出现：或者是不舒服，或者排泄异常，或者心律问题，或者血压问题，或者代谢问题，或者睡眠障碍，等等。所有这些问题都将直接伤气，人就会神疲力乏。

精气神三者间是相互影响的，当一个人长期气伤，也会累积成疾。伤气的行为比较多，主要有以下几点：话多伤气，讲话太多、太急都对气有很大伤害；急躁和头绪太多也会伤气，你一定看到过许多人同时做几件事情时的忙乱，然后长吁短叹，这是气疲的症状；长期心情压抑、被受挫感包围也会伤气。长期伤气，一眼望去满脸晦暗。

## 三

长期亏气，必将导致神乏，甚至脏器损伤。人失去了神志就相当于植物人，神志的重要性甚至超过精。伤神的因素比较多，欲望本来是促人行动的动力，但是一旦偏离了总目标而过于关注每一个步骤，就会导致焦虑，进而伤神。其次，纵欲和上瘾也会消耗人的精神能量，致人神散，神散则命去。

负面情绪也是伤神的重要因素。仇恨、嫉妒、嫌恶等，都好比邪恶的内敌，正挥舞着大刀在你胸中施暴，却得到你的保护。长期神散导致神志不清，轻者胡思乱想，偏离中和，远离明智；重者失眠，伤精耗气，直至早衰。

精、气、神是衡量健康的三大指标。三者相互关联，任何一方面出了问题都可能是另两方面问题的反应，任何一方面的问题都会直接导致另两个方面的问题。保持这三个方面处于良好的状态，就是养生之道。

# 烟斗——智者的器官

"烟斗客不屑于被视作吸烟者。"这是一句流传甚广且久远的话，其意味幽长。烟斗不仅仅是用来吸烟的，那它还是用来干什么的？烟斗客与烟斗到底是什么关系？

## 一

这要从两个方面来理解。一是从烟斗与雪茄、纸烟在吸烟过程中的区别处去领悟；二是从烟斗本身所具有的象征意义去体会。

纸烟给吸烟者提供的安慰主要来自吸入肺部的烟雾，烟叶燃烧产生的成分通过对肺部和呼吸道的刺激给吸烟者带来满足。吸烟者通常通过急促地大量吸烟使自己保持平静。吸烟者对纸烟有一定的依赖，吸烟者给人的印象通常也是急躁和肤浅。

雪茄则因其价格天然地赋予了吸烟者一种身份象征，雪茄的吸食过程也具有独特之处。优质雪茄由五种至少陈化三年以上的独特烟叶制成，其手工卷制工艺也有非常高的要求。吸雪茄与纸烟最直观的区别就是雪茄的烟雾不能"下咽"，雪茄的烟雾只是在口腔和咽喉前部、鼻腔被感受。换句话说，雪茄并非靠化学成分的作用给人满足，而是通过其独特的风味让吸烟者产生共鸣。

## 二

烟斗的烟叶与纸烟及雪茄不同，但真正把这份差异拉大的是其后续的加工工艺，即在烟叶上面又增加了深度发酵的植物精油、奶酪等不同的成分。至此，从烟雾成分上看，三种吸烟方式已经出现了质的差异。烟斗的烟雾也是不能吸入肺部的，但是其气味气质与雪茄又大大不同。

雪茄客与烟斗客的不同气质跟这种品味差异直接相关。雪茄的香气浪漫而迷人，雪茄客的心神会随之而去（人追着味走），大家经常看到的雪茄客吸烟时志得意满的样子就是这个状态。而烟斗的烟雾低敛、深沉、丰富，往往对吸烟者形成"包裹"（"味追着人来"），烟斗客"心在其中而意在其外"。这个氛围往往正切合、呼应烟斗客"中立不倚"的心性。

这就不难理解，为何成功的商人多数有雪茄情结，而思想者与艺术家钟爱烟斗了。当你一番努力之后回头审视自己的成就时，不妨来一支雪茄；而当你沉浸在工作中，享受工作的状态时，那烟斗就是寡言少语的伙伴。

还有一个区别，那就是本来作为烟叶盛器的烟斗并非一次性的工具，并且与吸烟质量密切关联。更重要的，烟斗本身的形状也是一种气质的象征符号。

## 三

熟悉的人知道，一把出色烟斗背后的故事和内涵十分丰富。千里挑一的石楠材料就已经弥足珍贵，再经大师数十道工序的手工制作，更别说烟斗造型的艺术价值。烟斗客与自己的"爱斗"之间的交流，是一种文玩情结，这是极其独特的现象。

烟斗客近乎思想家的形象、深沉低敛的气质，已经成为烟斗象征意义的一部分。它作为一种"风范"，也吸引了一大群叶公好龙者。不过成为一个烟斗客也并非易事，最难的一关便是"冷斗慢吸"，这个道理也很简单，只有慢吸才能品尝到其美味（燃烧过急就会使蒸馏物遭到破坏，导致味道变差）；当慢吸成为习惯，气息与心性就会变得更加沉静。

烟斗客嘴上叼着烟斗是一个常见的形象，心性深沉平缓是一种习惯，这可不是随便学得来的。一是，很多烟斗爱好者最后只是停留在烟斗收藏者的层面，终究成不了烟斗客；二是，非烟斗客刻意模仿这种风范，终究是缺少神韵，看上去就是"不像"。

最后说说烟斗的制造。把烟斗作为工业产品来制造，无论如何都缺少"可以感知不可言喻"的神韵。必得经过数十道手工工序来保证烟斗质量，烟斗客（一流制斗师必定是烟斗客）自身对烟斗的热爱，这些是烟斗客气质之形成所不可缺少的要素。

# 呵护他人就是呵护自己

## 一

在领导力峰会上，一位穿灰色西装的先生给我提了一个问题："保罗·迈尔认为，领导应该呵护下属的心，那么我们该如何呵护自己的心呢？"我当时就说这是一个伟大的问题，这绝非在寻求解惑，而是在引导新一轮真正有价值的碰撞。会议结束后，我才知道这位是来自《哈佛商业评论》的新任主编。

我回答说：我有三个路径去呵护自己。

其一，我认为自己的很多困惑直接或间接来自胜任力的不足。当我们的潜意识发现胜任力出现了问题，内在的智力资源不足，我们的意识会被引导成对环境、相关的人和事件的抱怨以及不切实际的期待。如果我们能够在这个时刻把注意力转向内心，去接纳这个现实，随之便会顿悟，从而获得解脱。

其二，在日常生活中养一些动植物。我养了一只千里挑一的拉布拉多，还有六只猫咪，我还种植了很多植物，其中一部分还结出了丰硕果实。这样，我在日常生活中仍与自然保持亲近。

其三，我个人修行有两个方向，一是日渐消磨任性和执着；二是从科学、哲学、艺术、宗教中汲取养料，扩展思维与智慧的空间。

这三点也许可以给我们带来解脱和领悟：呵护他人就是呵护自己。难道不是吗？懂得呵护自己才可以更好地呵护他人。

<h1 style="text-align:center">二</h1>

"呵护他人就是呵护自己"，内中蕴含禅机。

在呵护他人的过程中，我们安顿了自己的心，归拢了自己的欲，培育了正的业绩。然后，能够享受利他行为给予我们的无形无迹的回报（能力、人缘、快乐、好运），享受它们的滋养。在利他行为中融入淡泊之心，不为获得利己之回报而去行，才能真正使自己受益。

但是大多数人，尤其是年轻人，他们无法从利他中持续地获得这种正向回馈带来的显著的成就感。社会上绝大多数人之所以终生不悟，这就是一个很重要的原因。儒家从度人的角度成全自己，老子从"以万物为刍狗"的角度成全世界。

善行从来都有两个不同的方向，一个是"修"的方向；一个是"劝"的方向。把"劝"的方向当成了"修"的方向，容易在批评他人的过程中成全自己；把"修"的方向当成了"劝"的方向，则企图绕过诱导，通过直接干涉来改变他人。因此，要坚持提升自己的境界，分清楚"修"和"劝"的方向。

# 发生在"时间段儿"上的功夫

## 一

时间的流逝中蕴含着深刻的功夫。人的命运乃至疾病，都是在这个过程里逐渐形成的。我们的习惯（无论是言语、行为还是思想方面）构成了我们命运的基石，一旦我们意识到这一点，往往已经来不及逆转，毕竟一生就这么几十年。

"赢在起跑线""立竿见影""追求有效"等，这些口号害了不少人。若没有道德信念，人们就不会坚持造福的慢功夫。

有些因果关系发生在较大的空间范围内，心胸狭窄之人发现不了；有些因果关系发生在较长的时间段里，鼠目寸光的人发现不了。

有些真相潜藏于幽微之处，小聪明、自负之人不能明白。

## 二

一位过了四十岁的弟子曾问我：回顾自己的来时路，怎么才能知道是否走对了路呢？

我说：日子也许平淡，但越过越容易就说明走对了。小气精明的人，原地打转；作恶、取巧、撒谎的人，越过越差。

跟消极的人在一起，会使你日渐压抑、消沉。有些人乐观，简单、踏实、积极、快乐，跟他们在一起就忘了悲伤抑郁。

# 三

自我欺骗，让自己以为自己一直是自己，而不知道自我背后那颗心一直在流变。

"动机"被一种声称为"目的"的东西给覆盖了，"自我"也以为这个目的就是真的。然而主导、控制着行为、认知和感受的依然还是动机，只不过"目的"的道德地位只允许我们如此解释它。这种情况下除了自欺，还可以欺骗有同样自欺需求的人，大家伙儿一起上演人间讽刺喜剧。

# 老者安之，朋友信之，少者怀之

一

子曰："吾十有五而志于学，三十而立，四十而不惑，五十而知天命，六十而耳顺，七十而从心所欲，不逾矩。"

人们常关注的是每一个环节的含义，而不知道这是一条连续的人格发展道路，是一条完美的道路。这不仅关乎进步的次第，也关乎次第的连续性与必要性。

三十而立，十年后如果没有进入不惑之年，就难以立足于社会。不同年龄有不同的社会位置，四十岁就得有四十岁的样子，就得找准四十岁的人应在的位置。人格发展滞后或者倒退，就会被边缘化，容易抑郁。

要想达到不惑的境界，就要把而立的本分、宗旨吃透了。达到不惑后，你需要提携后人，逐渐退居二线。越来越多的后进步入不惑的行列，你也要进入"知天命"的阶段。若无对天命的领悟，你就会被各处淘汰，无地容身。但如若能知天命，则发现社会处处需要智慧通达之人。如若有智，则"老者安之，朋友信之，少者怀之"，生命安泰。

# 二

新人辈出，后进接替，命流不息，我们的角色不断变化，心智也相应地发生变化。

夫妻关系也要经历类似孔子描述的人格发展历程。夫妻角色分明的时期，恋爱是核心。

接下去十年、二十年，共同养育子女、养家，这个时期，彼此信任、忠诚、支持、体谅是核心。

再往后十几年，照顾双方老人，考验的是利益完全合体意识。关怀对方所关怀的，遗憾对方所遗憾的，体恤对方的劳累，不应有怨。

再往后，就近风烛残年。人生再取得突破的希望不大，但回顾过往，此时的幸福来自夫妻二人灵魂合体。灵魂合体，就意味着不再有彼此，而是同频处世，命归一处。

第八章

# 和合齐家

# 投入、热爱、物我两忘

我一直主张"事上修心"，讲求"我中无我"。我说"事中有佛"，意思是如果你真正热爱一件事，并能够全心投入，持之以恒，就能在这件事中领悟到真道，达到物我两忘的境界，完善自己的人格。我从来不说"立志向善"，因为热爱本身就包含了善。我总是说"笨功夫""立真心""见真理"。

## 修行

"您为何选择企业家这个群体作为教育对象？（尤其是成功）企业家通常不喜欢倾听。"

使企业家爱听，不就是玄奘西行之意吗？

"老师以助人为自度？"

我无度人意，而是与人共度。他人自度，我于是也得以自度。

我认为自爱优先，所谓自爱，无私而已。所谓无私，成我真私。

## 真

被"山里人"羡慕的城里人生活，其实非常脆弱，断一根保险丝、下水道小堵、煤气管道出点故障，就会陷入混乱。

令人艳羡的发达国家社会，如果停摆个把月，就可能导致大量家庭破产、企业危机、政治动荡，继而引发社会动乱……原来巨额财富、道德文明都不过是气球。

世人公认的大师，其中九成真的不是什么大师。

圣人、佛陀是可近、可望而不须可即的境界。

任何领域的权威，都是基于该领域公认的规则而被认定的。历史上那些超一流的人物，都不把规则当回事，因为这等人物已超越了规则，跟大众不守规则是两码事。

## 塔的中间

塔尖和塔底的人倾慕圣学，而塔尖的人天生就是圣贤的坯子，塔底的人希望其中有药。而大多数人集中在塔的中层，喜欢法家的学说。但中层的主流"聪明"，除了少数人公然驳斥圣学"没用"，绝大多数人实际上都以法家思想指导行动，嘴里喊的却是儒释道。君王群体最为典型，他们满嘴仁义道德、慈悲为怀，其实本质上基本都是法家、阴阳家。

企业家群体是文化水平参差不齐的一群人，其中多数读书不多。有些有成就的企业家，精明强干，普遍非常善于在行动中思考，在经营中形成想法并不断完善，能够搞定问题，达成目标。但是随着企业规模扩大，麾下人员增多，业务逐渐复杂，他需要抽象的概念化思考的能力了。于是他们到处去听课，也跟朋友喝酒吃饭、参加私董会与人交流，希望突破自己。

他们最容易接受的"知识"就是"金句"。社会上和大学里的某些"主流"大师、专家、学者便应运而生了，他们都非常善于制造金句。那些制造金句最多、所说金句最时髦、"最有洞见"的管理学家也因此走红。

这个时代，作为教师，你如果真的把"自我突破"当成教育任务，那是要付出代价的，最起码的代价是不能走红，其次是还要面对"是否有效"的质疑。

## 那个人

过去我相信专家对成功的解释，后来我自己也探索这条能够引领更多人走向成功的路径，但终于发现：大成功、持久的成功，其原因只有一个，就是那个人，以及那个人带领的一群人。

如果你不是具备那种德性的人，你企图通过学习成功的方法来获得成功，你就中了培训机构和教育机构的圈套。

专家们似乎破解了成功的密码，于是他们鼓吹要有什么样的文化。他们不懂"人就是文化"，文化就是人精神领域的范畴。

成功需要知识，需要学习，需要交流，然而这一切都只是为了明白做事的宗旨。如果行为符合宗旨，那么成仁、成功就没有悬念了。不过这并不容易，这正是获得持久成功之人那么少的真正原因。

绝大多数的正在努力中的人们并不了解，他们的人生都是"事与愿违"。"理解"某人的成功很容易，复制其成功则很难。难就难在他不是"其人"，而"其人"才是成功的诀窍。

## 问答

"为何有人悖伦常也能成功？我们应该有怎样的底线？"

成功、利益都不是客观存在的事物，他们都是你的价值认知，不正当的利益、不义之财，如果能够成为"利益"，产生这个认知、作出这种判断的那个人本身就有问题，他们可能命运多舛。你不要以为秉持"以非义为利"的心能获得安稳、能有好人缘、能使家人敬爱与和睦，也不要以为他们的"浮生之利"能够持久。接受不正当、不义之利之人，无法过上伟岸、大气的人生。

# 做个普通人，好好过日子

我过去二十年所做的工作，与现在完全不同。这些年，我们和企业家一起工作的时候，发现我们对管理的信仰、对管理科学的崇拜遇到了一些问题，于是，我们开始深入地探索，我们到底遇到了什么样的问题？到底什么是真正的障碍？

尤其是一些最为出色的企业家，这些人质朴、诚恳、有成就，但是他们遭遇了很大的瓶颈——来自家庭，来自个人，来自组织，来自内心世界。后来在不经意间，我们将把如何突破瓶颈的研究和探索跟大家分享，得到了一个让自己空前震撼的发现。那就是，做一个普通人，居然如此重要，能够把自己的家庭经营得简单平和，原来如此重要。

2018年，我和太太结婚30周年时，我的学生们为我们操办了一个几百人参加的纪念庆典。这不是我的初衷，也不符合我的价值观，但学生坚持要办。我想，不为我个人，就当为大家而办的。当时我说，如果我个人作出牺牲，能够使大家获益，便可以尝试。结果，后来这件事情使我成为第一大受益者，我受到了教育，也受到了震撼——我没有想到，好好过日子居然也如此受人尊重，如此受人重视。

接下来我就把"一个企业家如何好好过日子"这件事跟大家分享。

这句话是我做出的总结，很多地方我个人做得还不够，但是在我身上已经得到了验证。我跟所有的同伴、朋友、企业家朋友都说过一句话：跟我一起学习的时候，如果我讲的自己不能做到，请你一拳把我击倒。我讲的必须能够经受我个人行动的检验——这是我的格言，后来也成为我们所有同伴的格言。

我们讲修身，有些人简单将之归入文化范畴，但是如何让这些内容真正落地，变得简单、质朴，真正可行，就必须知道你所面对的听众是什么样的人。

企业家是什么样的人？企业家要做一个平常的人，做一个过简单生活还可以快乐的人，他可以把经营上取得的成就转化为内心的快乐，那么企业家与非企业家到底有什么不同？

首先，企业家要处理各种繁杂事务，有高度理性的工作，也有讲求战略思维的具有艺术性的工作，还要处理复杂的人际关系，包括与政府打交道，维护客户关系等方方面面。

其次，需要转换多种角色。做企业的时候我们是企业家；走进车间的时候我们是工程师；走到客户那里我们是首席销售员；但是回到家我们是丈夫（妻子），是儿子（女儿），是父亲（母亲）。不管取得多大的成绩，并因此多么骄傲，我们都不能把这种傲慢带到亲情当中。当然，也不能把对待亲人的态度带到商业活动当中，我们时刻面临考验。

同时，企业家还面临巨大的经营压力，有人说 2019 年过得很不容易，我想说的是，未来的不容易可能超出大家的想象。有人问未来的周期是什么，我跟大家说，周期就是起伏涨落的一种形态，但没有固定时段，历史上一直有涨落的周期，时间或长或短，一直在变。今天复杂的国际形势让我们对管理的所有分析变得一文不值，因为在更高的数量级上产生了不确定性，大国之间的政治争夺已经完全打破了原来的商业规则，其复杂性远远超出我们的想象。

我跟大家分享的修身没有太多套路，主要有三个方面。

# 一、安心

当我们讲到修心的时候，首先要弄明白：什么是修心？如何修心？心是什么？我们没有所谓的宗教戒律，要修心，只需做好三件事：齐家，保持健康，持重。

第一，齐家。家不齐心就会散乱，就会变得六神无主，如活在地狱当中。如果你在外边取得了一点成就，回到家推开家门的时候没人可分享，那是何等凄凉？所以家是什么？家就是我们心灵的外围。家不齐，则事业上很难有所成，家就是心。

第二，保持健康。没有良好的作息和运动的习惯，很难做到精力充沛。没有身体的健康，何谈修心？

第三，持重。持重我们会讲到几点：节制社交，不贪虚名，交友慎重。其中要特别强调的是节制社交。如果你能够对社交有所节制，对社交的质量有高标准、高要求，你会成为一个人物。有的人专贪虚名，拿到了各种名头，一张名片都放不下他的头衔，这种人不靠谱。

齐家、保持健康、持重，这三件事情就是我们说的养心之道。大家可以想象，如果这三件事情做得到位，你得以心神安宁、智慧清明，与此相比，做成一点事并没什么了不起。

我做了二十来年的总裁，我服务过外企，承担过国家的重大项目，也负责过私营项目；后面二十来年的时间跟中国一流的企业家一起工作，基于这些亲身经历，我可以理直气壮地跟大家说：企业家真的没啥了不起！

我们之所以感觉自己了不起，社会也觉得我们了不起，不过是因为我们手里多了一些钱而已，有钱就可以坐头等舱，有钱就可以住五星级宾馆，各地招商的、卖东西的就会来找我们，于是我们以为自己了不起。企业家的确做了一些对社会十分重要的事，但我们做的事情如果跟科学家、一流的艺术家相比，还是逊色的。因此，我们应该始终葆有一颗初心，要谦逊，我们获得了财富，能过上这样的日子，意味着我们要回馈社会更多，关心别人更多。

## 二、景行

景行包括这些方面：

第一，义勇。自己该做的事首先必须做到位，还要做别人不可为的事，且无怨无悔，若有这种精神和气概，就能求仁得仁。

第二，行仁。对待客户、同事、邻里、家庭，要宅心仁厚，多给予他们关怀，如果没有这颗仁心和这些行为，你的财是守不住的，你的幸福也留不住。你只有行仁，才能留住财富，财富又为更多人带来快乐，这时你的财富才能成就幸福。

第三，高趣。生活要干净整洁，家里干净，办公室干净，自己干净。干净很重要，千万不要以为没做到也无伤大雅，千万不要拿一两个人的反例来说事。历史上可能会有少数人很成功但非常邋遢，但是我跟大家说，这种人如果不是像济公和尚那样有更大的德行作支撑也是无法成功的。

第四，履实。我们的脚始终要放在地上，而不是腾云驾雾，什么叫地？地在哪里？今天我们很多人已经取得了很好的成就，在政府、社会机构中担任一些职务，有名望、有很好的口碑，被人传颂，也有些人有很好的品德，所有这些东西是怎么得来的？就是一日复一日的脚踏实地造就的。

如果没有常年的行为讲究，没有常年的做事公道，没有常年的克己修身，没有常年的关心别人，没有常年的认真钻研，就不可能得到这些东西。我们的名望、我们的品德、我们的功夫、我们现在拥有的人生，都来自长久的积累。回报不是从天上掉下来的，所以，我们坚决反对自我包装，坚决反对企图通过新闻炒作一夜成名。当下的每一天怎么过，关系到未来我们将成为何等人物。要成为你想成为的人只有一条路径，那就是在每一个当下踏踏实实认真做人，对邻人好一些，对家人好一些，对自己好一些，多些刻苦和勤奋，这是履实。

这四点内容就叫景行，用它们来照耀我们每一天的行为，每一刻的念头，就是景行。

## 三、成事

我反复跟大家讲，不管做专家，还是做一名武士，我们必须能够披挂上马，直接杀敌，没有真功夫不行。这里说的"真功夫"，主要包含三个方面。

第一，工匠精神。现在那些雕虫小技、花言巧语过于盛行，工匠精神却渐趋没落。你到欧洲去看，法国和德国，包括瑞典、意大利，有大量的民营企业，即使是规模很小的私营企业，也掌握着传承了上百年的看起来微不足道的一些工艺。我国在这方面或许稍有逊色，但也正在复兴与重塑，不乏令人感动的工匠精神。

方太集团是一个不大不小的企业，它的董事长兼总裁茅忠群一直是我喜欢的人。他领导的方太集团做厨房电器，并不是什么高端行业，但你去他的展厅看，一整面墙像马赛克一样，密密麻麻地挂着一千多张专利证书。方太能有今天的成功，是因为它具有创新精神，他身边重要的人跟我谈起他的创新的时候，就像我们谈到自己的儿女考上了名校一样开心。若你不热爱这项工艺、不热爱自己生产的产品，就不会有工匠精神，更不会投入创造，那么想成为世界一流企业是不可能的。这些年通过改革开放，中国已经发生了翻天覆地的变化，我们（企业家）也参与了今天这一局面的开创，高浓度的工匠精神发挥了重要作用。

第二，亲临现场。我们的思维，我们的头脑，我们的话题，都要切境，而少讲些概念，少讲些名词，少讲虚头巴脑的东西。这个现场可以是广义的，可以是整个行业的脉络，行业的本质，如果你的心真正在现场，贴近业务，你的心就是业务，你当然有智慧。哪有那么了不起的战略？心能贴近现场，有工匠精神，热爱你的业务，你就有创造力。

第三，大义神入。"神入"是一个心理学概念，"大义神入"是我们企业的使命宣言。我们做企业，实际上是通过做这个企业来实现我们从出生到现在的一项承诺——要让生命这个历程开出鲜花。其实人忙活半天都只能挣俩小钱，哪怕企业上市了，其实也都是皮毛一般的成就。能通过打拼事业这条路途活出生命的气象，那才是真正的成就。

# 勇敢的爱心

## 一

在提供帮助时，应该有"勇敢的爱心"。什么是勇敢的爱心？就是让他自己觉悟，而不考虑自己是否冒着风险，更不考虑取悦于人。这就是勇敢的爱心。

人的心性，平时看不出差异，自己也不觉得，然而到了高原有人会因此丧命，而有些人没事。

有些反馈，是为发展和确认双方的关系做出的，而不是真诚的反馈。真诚的反馈不是为了维护彼此当前的关系，而是为了成全对方的潜力，建立在真诚反馈基础上的关系才是牢固的。

## 二

人们缅怀历史上的某位大德，常常会提起后人为他建了多少座大庙、他收了多少各阶门徒、他混出了多大名堂。然而，踏踏实实，做无名英雄，一生像风一样化育过很多人，这才是出家人的正道，也是在家居士和学者的正道。

我创造了一个新词，叫"修行市场"，指的是有钱有闲、有学识但没文化的那些人，他们已经占据了"修行市场"的制高点，掌控了大批各类"仁波切"的注意力，他们的服饰、言辞、眼神儿、自鸣得意的"佛法"……把佛吵得心神不安。

三

把修行当作游戏的"修行人"忒多，真正修行的人不多，踏实过日子的人也不多。

"修行市场"的竞争，现在主要看谁的"范儿"高级。那些有"范儿"的人骄傲地宣扬各种奇谈怪论，故弄玄虚，假装云淡风轻。

我认为，修行最难的就是做到心里踏实、亲人和睦，然后是事业有成。

"吾未见好德如好色者"，懂得"换位思考""自我批评"的道理并不困难，只是不易做到。

我们这辈子错过的很多重要的事中，没有几件是因为路途充满艰难险阻而错过，而是因为我们从来就没有真心对待过。

人们所羡慕或所炫耀的幸福和成功的人生，很多都像是在悬崖上行走，一不小心就会坠落谷底。普通百姓享受的市井炊烟中的快乐，他们却不屑一顾。

# 蹉　跎

## 一

五十岁以上的人更容易蹉跎青春，因为他不知道自己尚有青春，他以为自己有的只是经验和智慧。越老，日子过得似乎越来越快。最近见到一些老朋友，感觉似乎昨天才与他们分手，没想到居然分别二十年了，如今都七老八十了。

分手的时候，他们心中依然有热情、欲望和冲动，也想干一番事业，但后来他们一直等机会、挑剔合作伙伴，结果等来的是将死。五十多岁的人更容易拖延，他们总想依靠经验和智慧实现增值，却没人买账，结果蹉跎了五十岁到七十几岁的青春。临终前的青春多贵呀！结果没能把握住，白白浪费了。

当大家意识到迷途难返时，大家一致感叹："三十岁之前那股毛愣劲儿多好哇！"

## 二

你当前的好与坏都不是"常"，然而你拥有"运机"，这是你的希望所在。

什么是"运机"？它是向好或向坏的轨道。

这个轨道能够选择吗？轨道不能选择，但是你可以修品德，改造你所在的轨道。

你留不住当前的青春、财富、荣耀和各种舒适的环境，但是你却希望在它们流逝的同时制造更好的下一幕。

很多人越走越差，心态、命运都是越来越糟。那是因为贪欲，他们不懂当前的投入关乎未来的产出。未来是由当下创造出来的。

# 做一个足可信赖的君子

信任和尊重是人际关系中的两大支柱，对一个有尊严的人而言，它们就像空气和阳光一样，是不可或缺的。受到尊重和被人信任是人生价值的一种体现，失去别人的信任、不被尊重意味着自己的人格遭到了否定。

有尊严的人不仅要学会主动去尊重和信任他人，更要首先从自己做起，努力成为一个足可信赖的人。一个可信赖的人并不一定是一个能力巨大的人，但是他必须得做到有诺必行、行必尽力。

做到有诺必行，他就必须首先得足够稳重，不能轻易许下无法实现的诺言。同时他还要有足够的热忱去主动担当无言之诺。

行而必果展示了一种坚定的意志、决心和品格，意味着良知、道义和成熟。

## 有诺必行

君子立于人世，已做出许多无言之诺，体认并实践这些承诺当为建立信任的基础。

一家企业一旦与客户签订了协议，就意味着做出了一个承诺：为客户的利益负责。协议约定的并非只是一组权利和义务的关系，实际上它还承载着客户为实现其复杂目标对某一个环节寄予的期望。

一家可信赖的企业应当为客户着想，帮助它实现目标，而非仅仅履行纸面义务，可信赖的人应当把这种理念当成承诺。

一个人，当他加入了一家组织，就意味着他对这个组织做出了承诺：他应当忠于这个组织并要恪尽职守。一个可信赖的人，不应做出出卖组织的事，也不应借职权之便谋一己私利。背叛组织利益的人不仅欺骗了大家，同时也背弃了自己的诺言。

一个可信赖的人，对同事也做出了承诺：对于他，同事关系意味着协作、互助与友情。可信赖的人应当为全面实现这种关系做出率先的、积极的努力，做出任何不利于协作或者拒绝为同事提供帮助的行为，都意味着你是一个背弃承诺的人。

一个可信赖的人对任何一项工作和任务也有承诺：这就是你必须达成结果。可信赖的人绝不轻言放弃，绝不为失败、失误寻找借口，也绝不回避挑战。在他看来，任何授权都意味着必须承担结果。这份承诺也体现了人品。

一个可信赖的人还对人生有所承诺：那就是他明确要过一种正当的生活，他下定决心，要坚持原则和道义，而且不断进取，以求不枉此生。可信赖的人不会靠投机取巧谋取声誉、财富，这是他对自己的生命负责的表现。

一个可信赖的人对自己的心灵也已做出承诺：言行一致、心口如一。可信赖意味着对自己心灵的诚实，灵魂与意志、行动的一致。这往往表现为在诱惑面前不被左右的成熟定力。

一个可信赖的人对家庭也有承诺：当你与你所爱的人结为夫妻，就意味着你已承诺不会再与其他异性发展同样的关系，这是基本原则。同时你还要尽心抚养、教育你的子女，向父母尽孝道。

以上这些都是无言的承诺，一个成熟的人应当体认和主动恪守这些承诺。

## 行必尽力

行必尽力，才能更进一步。首先它不仅意味着我们有所不为，也不不仅是说用行为去应付交差，最重要的是，它要求我们真正理解这种承诺的意涵，并以热诚和斗志去实现承诺所追求的目标。

帮助我们的客户实现目标，这会使合作变得更有意义；让我的妻子更加幸福，这会使婚姻变得更有激情；与同事协作时更具团队精神，这让我们的组织更有力量；对待任务更加执着，会使组织的执行力大大提升。

这些无言的承诺，实质上是一份内在的责任感，这背后是良知、意志、决心和热忱。

由此可见，人们对你的信赖，信赖的是你的良知、你的诚实、你的能力与毅力、你的判断力，还有相信你能达成他所期望的结果。

做一位足可信赖的人意味着：你做事要有始有终，你要在各种挑战面前坚持原则和道义，你必须对自己承诺过的事忠诚，你还要诚实，你要体谅他人，同时你还得是一位积极进取和乐观的人。

生活对可信之人也有承诺，就是他人对你的信任与尊重。要成大事必先取得他人信任，这就是诚实的真谛。

# 人活在世上是一个临时事件

## 一

人活在世上的时间是很短暂的，生命转瞬即逝。人从出生到成年再到衰老，是一个显而易见的过程，大家常将生理上的死亡视为一种遗憾，却忽视了这是一个必然事件，而且即使身体无恙，人也不能长生。

人体是一个很精密的体系，各种机能协同工作，维持生命的平衡。然而，情绪波动及其诱发的行为，除了与外界保持代谢所需的物质和能量交换，还经受风湿燥热寒暑的影响。这一切都可能对平衡（生存）产生威胁。

人的精神系统是一种自我肯定机制，当自我肯定低于某个阈值时，人就会出现破坏、厌世、自杀倾向。因此，和谐社会应当落脚在扬善、树立理想、提倡崇高信念。

很多人活着活着就会失去乐趣，活下去的理由并非天然自足的，而且在很多人那里是渐渐衰退的，最终至于"心死"。其实一半以上的死亡都得到了心理的批准，精神死亡比生理死亡的优先级更高。

人的社会性死亡，跟生理死亡、心灵枯竭大体同步。社会性死亡显得并非那么自然，好像是一个偶然事件。社会性死亡指的是人际关系、衣食住行渐渐失去保障，社会性死亡会让人活得一直特别艰苦。社会性死亡并非完全由于物资匮乏，而是由于物质财富变动导致社会地位的变动使人们难以承受。

# 二

事实上人们维持自己的社会地位是非常困难的，一般在有生之年的最后阶段都面临底线崩溃。人一旦感到自己日渐衰老，不如别人，就会产生精神死亡的感觉。

人们往往都不能理解：中年以后，人的生活状态开始走下坡路。持续上升感的优越感和需求给生命力带来巨大压力，维持良好的生活状态殊非易事。

因此，我要说的是，人的真正成长是逆生长。什么是逆生长？即生命力渐强的原理：越来越超脱，对名望、地位和物质的需求越来越少，在人际交往中越来越淡泊。

但这背后是一种跟世俗共识不同的道德发展。尽管如此，人生这出戏也无法长久演绎。

# "事"有两种

"事"有两种，一种是做错了可以重来的，我们可以在事情过后吸取经验、教训，获得知识，下次就能做得更好。一种是一旦过去了就永远过去了。

我说的这两种事，其实是事的两层。类相一层的经验有用，而有关命运的事是精微的具体的。所有的经验、知识都是类相层面的，命运则是相对具体的。

人的命运是由人生中的一切点滴构成的，很多事一旦过去，那些相关点滴就被其他经历、刚刚发生的事覆盖。你再也找不回，找不回那个让生命再次生动起来的元素。

我想说的是：

第一，你要能够区分哪些是类相层面的智慧，要不断拓展他们；

第二，你要能够明白这第二种事有很多，在这种事里，经验不仅总是迟滞而无用的，而且是永远都不会充分的。这两点就是我们所能够拥有的关于它的全部知识。

错过一次机遇，人生就改变了轨道。你的经验无法把你带回无法回去的过去，而在当下和未来这些经验又派不上用场。

人生的味道与人生的遗憾来自同一个机关，就是这第二种事机。如果你能够把这第二种事做到无悔，就会以另一种方式存在。

## 改写心性，从而改写未来的过去

在对这第二种事进行沉思的时候，我们可以明智地收获到的是，我们可以明白"可为"与"不可为"。第一种事上有可为的正义，而对于命运来说，它是心性所造。但是它留给我们的并非只是按脚本表演，我们可以在事外用功。通过用功改写心性进而改写未来的过去。这一点不同于科学技术力量的直接性，并且这才是宗教化人的正理。

那些貌似有智慧的修行者，要想变成真心实意的修行人，第一件事就是选择与谁交往。他们身边，或者经常往来的，如果都是一些肤浅的、虚荣的、造作的，那只有一个真相：他也是这样的人。难忍寂寞，攀附权势，不能从孤独中抽取无形力量，这种人读多少经也是无意义的。

## 这两种事的启示

"您前面说的两种事，如何指导我们往前努力？"

修心。你应该能够理解，一个人的成功不单单是努力的结果。

有人问我如何取得成功，我说该成功的就会成功。人们对他人成功的理解，所做的总结，都是把事（前文所述）当成了第一种，其实这些经验对未成功的人帮助不大，在指导实践中没多少价值。学习别人长处的实际意义在于修心，修心有价值。

# 赢得辩论与成仁

## 一

无论是在大选辩论、企业竞争、夫妻吵架还是专家争论中，人们不仅精心组织论据，还会设下陷阱，他们巧妙地进行博弈，唯一目的就是赢得胜利。

取胜的策略控制了他的"心"，博弈策略、博弈对象制约了他的心性、人品、行为，而他们对此全然不觉，他们之所以会关注心性和人品，其唯一动机就是取胜。

而如果我们能以旁观者的身份来看待博弈，如果我们可以暂时从博弈立场离开一会儿，如果把心思集中在领悟博弈双方展示出的心灵，你会发现在博弈中有一个堪称仁者、君子、菩萨、好人的品格或许出现了，虽然他不一定赢得竞争或是辩论，但其实已经赢得了人生的胜利。

胜败，不过是规则的儿子。你参与哪场比赛，就被哪场比赛规则所定义。

## 二

君子谋道不谋食。经常有人称赞选手"输了比赛赢得了精神"

就是此意。但如何把精神置于比赛规则之外，是圣王教化社会的责任；如何把精神在一般比赛中发挥到极致，那才是大本领。

鼓吹、传授"如何成为人生赢家"知识的人，他们的现在和未来都注定空虚。只有到临终前，输家才会发现人生的意义根本就不在输赢。充实、愉悦且有意义地活着，必然会遭受挫折，并从利他的行为和自我成长中感受这一切。

在古代，既无师承也无功名，甚至没有接受过专门训练就能享誉天下的人古代很多。

如今人们首次见面时，首先亮出来的就是自己的学历、职称、师父的名字、官阶几品、各种奖状。

毕竟现在各种条条框框很多，有真本事但无头衔也难出头。不过有一个道场能见真章：那就是齐家。花拳绣腿糊弄不了枕边人，她知道你几斤几两。满嘴仁义道德的人，骗不了自家儿女。

# 求仁得仁，就是圆满

"您说人怎样才算是成熟了呢？"

当你发现人人皆纠结，大家都有两颗心、两张脸，当面一套、背后一套，人们还普遍忘恩负义，而你却能处之泰然、坚持自我，那就是成熟了。

因为你明白天道至公，报应不由人定。唯存一念：助人为乐，求仁得仁。

## 如何面对普遍存在的两面性

形成"人人是好人"的认知，是你必须跨过的一道坎儿。

自古至今，帝王大多痴迷暗查、偷窥臣属背后的言行，看他们是否有对自己不忠不敬的言论，就算市井小民也有这个爱好。

人人都特别在乎别人的态度、想法，为此宁愿失去自我，表现得非常做作。人前尚且如此，更不用说他有多在乎他人背后的心思了。这不仅仅是因为缺乏安全感，也不只是出于好奇，而是一种瘾。

有很多帝王把下属是否忠诚当成了衡量自己的权力基础是否稳固的重要尺度，整日里鬼鬼祟祟、心神不定。这是一种瘾，消磨了他们的意志。

其实，你只要坚持仁义就够了。人的这种两面性也是普遍存在的一种人性特质，虽然并不厚道，但也伤不到真正的仁义君子。但你的注意力应该更多地放在自家的田里。

## 求仁得仁

为什么说"知足"为"德"，"知不足"为"智"？

做君子，求仁得仁，"我欲仁，斯仁至矣"。这就是知足。做好人好事不需要太多外部条件，一心足矣，故曰"知足是德"。困惑、奇迹、意外是载我前进的三驾马车，这就是知不足。知己之不足，方为明智。助人为乐，方能求仁得仁。

我们惰于热情帮助别人，部分原因是我们没有充分认识到自己的潜能。母亲常常能够发挥出惊人能力来保护孩子，克服巨大困难来呵护家人，不是因为她的本领强大，而是因为其爱充足。

# 常在事后反思

## 一

"我非常爱我的家人，但是我常常对他们没有耐心，有时粗暴，而事后又后悔。您说我是不是有病？"

知道有病并能够改正就是无病，以有病当借口继续犯病就不单单是有病，还是没心没肺。

做事时要注意三点：第一，敬事。工作有成效、生活有规律，这样的男人一般就不折腾家人。工作不顺，生活没有规律，这样人容易找茬儿。第二，心中有敬畏。有人能约束你，你就会守规矩，否则就容易任性妄为。要交清正的朋友，狐朋狗友乱心、乱性。第三，常在事后反思。做错了事、伤害了他人要及时弥补，过不了多少年，身边亲人、朋友就会逐个离去，那时再后悔是无济于事的。

## 二

在我的生活当中，与我最亲近的都是一些小人物，因为小人物才有情义。我身边的一些怀有小人物情义的人，身价、级别不低，但在我心中还是和大家一样亲热。我说的小人物身上有一种"人味儿"，他们身上纠结很少，率真、豪爽，眼中、心中只装情义。

# 天天只有幸福事

## 一

"人生不如意事十之八九"，大家常常活在焦虑中。

当你清净己心，平和地观察，你就能意识到：所有不如意，竟都是自家造就；所有焦虑，竟都因我们自荒了良田。

在很多人也许不太容易理解，但一旦懂了也颇为显明。所谓自家造就，说的是自己的大多烦恼无非鸡毛蒜皮的小事，是我们自己制造了这些毫无必要的烦恼；所谓荒了良田，指的是不务正业、不够精勤踏实。尽管很多人表面上看起来光鲜亮丽，其实真正感到不苦的人不多，这跟生活条件的好坏关系不大。

## 二

每个人看起来过得都不错，其实有几人不是在舍本求末、舍近求远呢？很多人留不住真正宝贵的东西，也享受不到真正的清福。"广播福田""广结善缘"的方法是什么呢？随着自己慢慢变老，按理说人们的心会越来越宽容，心态和外表能够越来越松弛，这就是越活越明白的表现。而现实是，大家越来越局促，越来越紧张，越来越拧巴。苦了自己，也折腾了他人。

我想告诉大家，年轻的时候要精勤，不偷懒、不走捷径、踏踏实实，练就一身真功夫，结下好人缘，为得各处好人好事。随着自己慢慢变老，一门心思爱他人，助人自得其乐，那么就能"天天只有幸福事"。

所以说，所有不如意，竟是自家如此造就；所有焦虑，竟因自荒了良田。

# 财富和权力的拥有

学生问我关于"拥有"的题目，我用了一个"抛球"的比喻。我说你的手不足以拿住太多资产，你就不得不像在玩抛球游戏一样，阶段性持有它们。当你贪婪到了手持五个球还不满足的程度，要想提高抛接技术就特别难了。除非你有足够大的手，不用抛出，能一直持有它们，要么就要拥有足够精湛的技术，能让很多球不落地。

一

占有财富如此，维持社会稳定也是如此。其实你把财富还给天下，让需要的人拥有它们，岂不是更好？如果你能行善道，还需要刻意维稳吗？如果投入太大，那问题就一定出在两个方面。

我们有两个核心理念，一个是实事求是，一个是为人民服务。所以既然已经达到了"无我"的境界，还有什么是不能公开讲的？还有什么是听不进去的？

我不讨论立场问题，我只偶尔思考智慧问题与解决问题的方法。我跟朋友说，读书不足以打开心门，只有发自内心并身体力行地为人民服务，才是直接打开心门的方法。

# 二

什么是"权力"？如果不明白"权力"的宗旨，就不会明白使用权力的艺术。政府的权力是人民赋予，所以其宗旨就是为人民服务。于是使用权力的艺术就在于调动各种资源、发挥各种潜力，最大限度地让人民获得发展，而不是增加更多限制。建立和维护一种伟大的秩序，让人民在其中最大限度地实现自我价值。这就是权力的艺术。

# 山高岂碍白云飞

## 一

儒学旨在让你接近圣贤的境界，佛学旨在导你去除我执、具备佛性，道家旨在让你成仙。

所谓"御风而行"，就是大家庭的那幅字"青山不碍白云飞"，就是把成功视为顺应天道、顺应自然的过程，而非刻意追求而来或人为制造的。

让一个普通人改变一条既有习惯或形成（新）习惯的建议是非常不容易的，人们一直在形成习惯，其行为也一直在被习惯掌控，在这个过程中，自己也被习惯所改变。

人们并非不想走上一条自我突破（并非任由习惯掌控）的阳关大道，我们读各种（自己认为不错的）书，听各种励志讲座，然而习惯的形成和维持机制靠的是"成效反馈"，也就是说如果当前的方向（做法）没有给自己带来"甜头"，人们就会（很快自动）失去继续前行的动力。

## 二

关于人的成长历程，我的发现是：普通人不能忍受"反馈"产生之前的等待过程，在新习惯、正确行为产生积极反馈之前，他们（甚至不知不觉）就已经放弃了。

而非凡人物探索积极灵魂改造路线，他们对新习惯、新做法更有耐心，能够忍受他们发挥效用的周期。他们靠信念就能维持动力，就是这么简单的区别造就了迥异的人生。

# 有所为，有所不为

　　人的一生，每一刻，都或许有好几件事是必须要做的，不做不行。人们明白这个道理，却不知道何时该做、做到什么程度。

　　道家提倡"无为"，无为就是指不造作、不强求、不刻意，这样反而能达到无所不为的境界，普通人很难领悟得到顺其自然的那颗心是多么清净。儒家强调"仁义"，仁义之人能够从心所欲不逾矩，若不持续践行君子之道就不可能做到居仁由义。佛家讲"自在"，所谓"得大自在"就意味着脱去了"法执"和"我执"，持佛家之戒，就能定于止境。人生在世，要有所为，有所不为，然而要做到不刻意追求就能取舍自如，须率天命之性。

# 关于幸福的问与答

## 一

人到底怎样才能活得快乐、充实且有意义？

这些年听了很多讲幸福学、佛教因果报应和成功学的课程和讲座，但内心依然觉得空虚得很。

可笑的是，凡是有人提问题，总会有人给出答案。而我会思考一下，这些问题是哪儿来的。大师、教授非常善于给出看似有说服力的答案，而我对这样的问题没法给出答案。因为我发现很多人其实没有这个问题，他们也想不起来问这种问题。

也许提出某个问题的人会问："什么样的人才没有这种问题？"

你应将这个问题与"什么样的人才有这种问题"结合起来思考，也许就会消解这个问题。

## 二

宗教人士常常叫你从敬畏入手，成功学告诉你从目标入手，幸福学告诉你平衡的原理。所有理论、所有答案背后都藏着隐蔽的前提：这个问题成立。并且这些人都会强调他的理论根基来自"智慧""真理"。而我会从质疑这个问题入手，这个问题本身就有问题。

病发了，那些披着智慧外衣的理论都是安慰剂，能快速见效，也正因此它们才更流行。佛学、成功学、幸福学靠不靠谱？靠谱！但是拿它随便开药的人不靠谱。你去看吧，现在流行的绝大多数心态开解、明智开示，基本原则就是让人觉得"当前所遇状况是合理的""自己还是不错的""一定会更好"等等。

这些恰是病患的心理需求！人们吃这些"药"，信这些"药"，但实际不会因此幸福、成功。并且吃药时间越久，剂量会随之增加。这种药非常流行，毕竟人们宁愿相信有种办法有效，也不愿意相信自己有病。

## 三

我其实不认为人们有病，我认为，执着于那个问题就是将心病坐实了。如何破除这种执着？成为被人需要的人。

被人需要的人是充实、健康的。

通过积极参与（这是第一个重点）找到能发挥自己价值的（第二个重点）角色，通过胜任（第三个重点）责任要求来使自己成为更多的人、更大的事业所需要的（第四个要点）人。

一个被人需要的人是充实的、健康的！一个被更多的人、更大事业需要的人，他的意义感会更强烈。

但是这需要：第一，不要设定起始地位，要从低处、容易处起步，不怕被人轻视，要脚踏实地。第二，要实实在在地通过承担责任保持人们对你的信任，展现你的才华，通过实践、学习来增长本领。

这样的话，就没有那些问题了。

# "土豪"并不幸福

一

有多少人真正了解，被很多人贬为"土豪"的企业家中，常常浮起自杀念头占有多少比例？跟羡慕嫉妒恨有同样力道的真相是那些被羡慕的人并不幸福。那些喜欢指责批评（社会或个人）的人，那些热衷指导他人的人，那些满嘴解决方案的人，大多数也都活得很挣扎。

我提出的解决方案可能听起来有些违背世俗认知：放弃"理想"，放弃"原则"，放弃"价值观"，全情投入自己所热爱的事物中（从事的工作，一起生活的人、邻里和同事）。

许多所谓的"理想""口碑""价值观""原则"害惨了人们。

其实，你根本无法放弃真正的原则、价值观！你的理想自动生成于热爱并蕴含在其中。你最看重的东西，其实并不重要，重要的东西都在热爱里边。没有热爱，才是白活。

我跟一位高学历的、挣扎在那个边缘的年轻人说：师父和你说两句话，第一句是"啥都不是问题！原罪也不是问题"，第二句是"不朝改善方向努力是问题！随波逐流是问题"。

应该让自己的思想、心理门槛再低一些，才能更轻松地活下去。纠缠无处不在，纷纷扰扰，而自己心不起应，淡然如愚，这就是道家三宝中的"慈"。

## 二

"先生，在家修行的要点有哪些？"

丹蕨："做好三件大事。"

"哪三件？"

丹蕨："不多花一分钱，能把饭菜做得特别香。厨艺是一件大事。我去过云南一个寺庙，食材都极其普通，然而味道绝美！做好菜需要用心、有本事，休讲把菜根吃出好味，要用本领把菜根做出好味道。"

"第二件呢？"

丹蕨："不多花钱，把衣服穿出大气、让人舒适的感觉！花同样的钱但能穿得好看、让人感觉舒服，这需要品味。"

"您说第三件。"

丹蕨："把房间收拾、打理得干净、优雅、美好。"

"不多花钱但能做到做饭香、穿得好、住得好，这是功夫。其实在背后支撑这一切的就是爱心，以及积极的生活态度、真实的生活本领。"

附 录

丹巖先生詩聯選

1. 一份敬畏在心，
　 百丈春风临门。

2. 精神到处文葱翠，
　 学问深时气雍容。

3. 虚心藏傲骨，
　 昂首仰君德。

4. 漠对荒沙空自喊，
　 业消亿劫贩炊烟。

5. 呕心沥血无聊事，
　 寒立长堤对空吟。

6. 声嘶不拭泪，
　 伟岸自摇心。

7. 推窗吻日月，
　 谈笑抚云闲。

8. 愿费余生买慧眼，
　 不与世俗共价值。

9. 安命维谦让，
　 恭俭堪护身。

10.慢从功成起，
　 运自逢时清。

11. 忍辱生大义，
　　 接纳是宽心。

12. 少言静思只循一本正经，
　　 布道养福博览千家高论。

13. 才智为学凭精进，
性缓气和逆为缘。

14. 坚冰难隔光暖，
严寒不冻光明。

15. 一乱云图知风秘，
百慧芳心觉情难。

16. 天命不语青春老，
诗书每念正年轻。

17. 解繁宜从本末，
谋事须缘动机。

18. 春风无心仁义布，
玫花如雨意嚣张。

19. 鉴从情受观自我，
机在转格得翻身。

20. 山村读经好假日，
品茗幽谷忘情时。

21. 意蕴透达明日月，
禅心妙语出天真。

22. 清如钓船闻夜雨，
真明万物非主公。

23. 清净助我得明智，
超然为人不执空。

24. 自古真人清贵，
从来庸人多福。

25. 底蕴以幽异静示其厚朴，
　　功力以超奇峻耀其虽然。

26. 结上士尽可知春风之放纵，
　　敬下士必效法履冰之战兢。

27. 不以所知乱所不知蔚朴初涵养，
　　不以不知乱所当知修撄宁停当。

28. 一朝知死能克嗔，
　　反躬谦让德配天。

29. 欲知其乐同其趣，
　　何必投胎做犬鱼。

30. 休言不由己，
　　至圣皆在俗。

31. 不修圣贤得惭愧，
　　圣德临人母不亲。

32. 不知在既而在即，
　　品不容染而融然。

33. 境界跨过忍辱敢死。
　　世上再无坎坷艰辛。

34. 君子遇恶即发神勇，
　　仁者临俗如洽春风。

35. 但求能畅透，
　　不作贪痴想。
　　步下起清风，
　　胸中大太阳。

36. 狂在不逾矩，
    稳在直心肠。
    直心不造作，
    从心见真章。

37. 性命即形影，
    福慧本一般。
    不从修行起，
    发愿亦忘贪。

38. 箫惊古院静，
    月挂云气高。
    杯涵千江月，
    门外有松涛。

39. 经诗撩尽意，
    妙契两故人。
    临行客不舍，
    春风到街门。

40. 桃粉花迎客，
    祖屋待嘉宾。
    重逢话叙久，
    不扰蜡更深。

41. 真理安胜辩，
    嗔慢幻道心。
    名状徒释法，
    事中起良心。

42. 疾风窗敲雨，
　　檐下燕和鸣。
　　满地堪成鉴，
　　云影落花红。

43. 从容通圣意，
　　端庄养精神。
　　虔敬开心锁，
　　克嗔见聪明。

44. 一言法无相，
　　三界可存身。
　　何为无住住，
　　慈悲化贪心。

45. 拂晓霞光近，
　　院前鸟声亲。
　　经咏歌太响，
　　妻笑我认真。

46. 金笼开释鸟，
　　粮足盼暮归。
　　月余不见影，
　　妻笑我痴亏。
　　（鹦鹉散养试验）

47. 来路即累世，
　　点滴有大千。
　　行受观心在，

无为处两端。

48. 知香凭厚义，
   啜饮鉴肝肠。
   巍巍茶君子，
   温厉劝秋阳。

49. 天上大风缘受蕴，
   心智种种伴愚行。
   助力车夫嗔作想，
   万劫避在一叶中。